PLANETA DOS

INSETOS

ANNE SVERDRUP-THYGESON

PLANETA DOS INSETOS

ESTRANHOS. ÚTEIS. FASCINANTES. SAIBA TUDO SOBRE OS MINÚSCULOS SERES DOS QUAIS DEPENDE A NOSSA VIDA

TRADUZIDO DO NORUEGUÊS POR LEONARDO PINTO SILVA

Diretor editorial
Paulo Tadeu

Capa, projeto gráfico e diagramação
Allan Martini Colombo

Revisão
Silvia Parollo
Silvana Gouvea

Edição em português feita por acordo com Stilton Literary Agency e Vikings of Brazil Agência Literária e de Tradução Ltda.

Esta tradução foi feita com o apoio financeiro da:

CIP-BRASIL - CATALOGAÇÃO NA PUBLICAÇÃO
SINDICATO NACIONAL DOS EDITORES DE LIVROS, RJ

Sverdrup-Thygeson, Anne
Planeta dos insetos / Anne Sverdrup-Thygeson; tradução Leonardo Pinto Silva. -
1. ed. - São Paulo: Matrix, 2019.
192 p. ; 23 cm.

Tradução de: Insektenes planet
ISBN 978-85-8230-578-2

1. Insetos - Biologia. I. Silva, Leonardo Pinto. II. Título.

19-59347

CDD: 595.7
CDU: 595.7

Leandra Felix da Cruz - Bibliotecária - CRB-7/6135

SUMÁRIO

"Não é a natureza mais grandiosa
senão em seus seres mais diminutos."
— Plínio, o Velho
23 - 79 d.C.
História Naturalis 11,1.4

PREFÁCIO

Sempre amei a vida ao ar livre, especialmente no meio da mata, onde a presença do homem não é tão frequente e a influência da vida moderna que levamos é a menor possível, rodeada por árvores mais velhas que qualquer ser humano vivo. Árvores cuja copa tenha tombado no chão e estejam encobertas por uma camada de musgo macio. É aí que os insetos moram, quietos, enquanto a vida prossegue em seu eterno ritmo.

Hordas de insetos invadirão esse tronco aparentemente sem vida. Besouros bailando na seiva que fermenta sob a casca, larvas de serra-paus rasgando a superfície do tronco e desenhando os mais intrincados padrões, e larvas de elaterídeos devorando qualquer coisa que se mova neste mundo em decomposição. Milhares de insetos, fungos e bactérias unindo forças para decompor toda a matéria morta e assim transformá-la em nova vida. Posso me considerar uma pessoa de sorte por ter a oportunidade de pesquisar um assunto tão rico.

Tenho, de fato, um emprego fantástico. Leciono na Universidade de Ciências Biológicas da Noruega. Sou pesquisadora, professora e divulgadora científica. Num dia posso ler sobre novas pesquisas, me aprofundar e me perder em detalhes acadêmicos sobre um assunto qualquer, no outro, preciso dar uma palestra e me verei obrigada a estruturar uma disciplina acadêmica.

Encontrar exemplos, ilustrar por que aquele tópico específico diz respeito a você e a mim. Talvez isso possa render um texto para nosso blog de pesquisas "Insektøkologene" (Os Insetos Ecologistas).

Às vezes também estou em campo inspecionando ocos em velhos troncos de carvalho, ou mapeando florestas afetadas por diferentes graus de desmatamento. Tudo isso em companhia de meus colegas, bolsistas e alunos.

Quando digo às pessoas que trabalho com insetos, costumo ouvir perguntas do tipo: "De que valem as vespas?". Ou ainda: "Afinal, para que servem os mosquitos e as mutucas?". Há insetos que nos causam problemas, é claro. Mas a verdade é que são uma minoria diante da miríade de seres pequeninos que fazem o que lhes cabe para salvar não só a vida deles, mas também a sua, um pouquinho a cada dia. Mas vamos começar com aqueles que nos atazanam mais. Eu respondo de três maneiras:

Em primeiro lugar, os insetos daninhos também são úteis na natureza. Mosquitos e mutucas, por exemplo, são alimentos importantes na dieta de peixes, pássaros, morcegos e outros bichos. Especialmente no topo das montanhas de altas latitudes, enxames de mosquitos e moscas têm especial importância para animais de porte bem maior que eles, e em grande escala. No curto e feérico verão ártico, enxames de insetos podem determinar onde os rebanhos de renas pastam, pisoteiam a terra e devolvem a ela os nutrientes em forma de estrume. Como círculos propagando-se na superfície de um lago, o ecossistema inteiro é afetado. Da mesma maneira, as vespas são úteis — para nós e para os outros. Elas ajudam a polinizar as plantas, enxotar pragas que não desejamos ter por perto e alimentar, por exemplo, o bútio-vespeiro, ave de rapina, além de várias outras espécies.

Em segundo lugar, eles podem ser úteis onde menos esperamos, e isso vale até para animais que consideramos nojentos ou nocivos. Certas moscas-varejeiras podem ajudar em ferimentos de difícil cicatrização, enquanto determinadas larvas de uma espécie de caruncho são capazes de digerir matéria plástica, e há pesquisas utilizando baratas em resgate e salvamento, em escombros de prédios ou contaminados por radiação, por exemplo.

Em terceiro lugar, alguns dirão que todas as espécies animais devem ter a oportunidade de viver todo o seu potencial — que nós, humanos, não podemos interferir nos destinos da biodiversidade com base no julgamento míope que fazemos de certas espécies, que nos parecem bonitinhas ou úteis a nossos olhos. Significa dizer que temos a obrigação moral de cuidar da melhor maneira possível desses seres, inclusive de alguns quase invisíveis, que não parecem ter valor algum, que não têm aquela aparência fofinha ou aquele olhar doce e amendoado, cuja própria existência não nos parece servir a nenhum propósito.

A natureza é desconcertante em sua complexidade, e os insetos são uma parte importante dessa engenhosa tessitura de sistemas dos quais nós, humanos, somos apenas uma espécie entre milhões. Por isso, este livro tratará das menores criaturas que habitam entre nós, os estranhos, belos e bizarros insetos que servem de alicerce para o mundo como o conhecemos.

A primeira parte deste livro trata dos insetos em si. No primeiro capítulo, você vai ler sobre a infinita variedade deles, sobre como estão interconectados, como pressentem seus arredores e um pouco também sobre como reconhecer os grupos de insetos mais importantes (existentes na Noruega). Além disso, no capítulo 2, você vai ter uma panorâmica da vida sexual um tanto estranha dos insetos.

Em seguida será abordada a intrincada e delicada coabitação dos insetos com outros animais (cap. 3) e plantas (cap. 4). A luta diária para comer ou ser comido, a batalha para levar nossos genes adiante. Mesmo assim, há espaço para alguma cooperação, em todas as suas mais peculiares variantes.

O restante do livro é dedicado à estreita relação entre os insetos e uma única espécie: nós, os humanos. Como eles contribuem para nos fornecer alimentos (cap. 5), tentam despoluir o meio ambiente (cap. 6) e nos oferecem aquilo que precisamos, desde mel até antibióticos (cap. 7). No capítulo 8, eu percorro novas áreas em que os insetos podem apontar algum caminho. Por fim, no capítulo 9, discorro como vão as coisas com esses nossos pequenos ajudantes nos dias de hoje, e como você e eu podemos ajudar a melhorar a vida deles. Pois nós, humanos, dependemos do trabalho que os insetos realizam. Precisamos deles para polinizar as plantas, para decompor a matéria e adubar o solo, para servir de alimento a outros animais, para manter organismos prejudiciais sob controle, para dispersar sementes, para nos ajudar em pesquisas e nos inspirar com suas soluções engenhosas. Os insetos são pequenas engrenagens que a natureza usa para fazer o mundo girar.

INTRODUÇÃO

Para cada ser humano vivo hoje na Terra existem mais de 200 milhões de insetos. Enquanto você está aqui lendo esta frase, entre um e dez quadrilhões de insetos rastejam, caminham e voam pelo mundo afora. Quer goste ou não, você está cercado de insetos por todos os lados, pois nós vivemos, na verdade, no planeta dos insetos.

Existem tantos deles, e estão espalhados por toda a parte, que temos dificuldade para compreender essa magnitude — nas florestas, nos lagos, nos prados, nos rios, na tundra e nas montanhas. Moscas-de-pedra voejam a seis mil metros de altura nos Himalaias, enquanto outras habitam as fontes termais de Yellowstone, onde a temperatura passa de 50 °C. A eterna escuridão das cavernas mais profundas da Terra é o lar de larvas de mosquitos que não têm olhos. Os insetos podem viver em pias batismais, em computadores, em tanques de petróleo e entre ácido e bile estomacal de cavalos. Eles estão nos desertos, sob a superfície de lagos congelados, na neve e até nas narinas das morsas.

Há insetos em todos os continentes — na Antártida, é verdade, eles são representados apenas por uma única espécie: um tipo de mosquito sem asas que "baterá as botas" caso a temperatura ultrapasse os dez graus positivos por um período mais longo. Até mesmo no mar, você pode encontrar insetos. Focas e pinguins têm piolhos de vários tipos presos à pele, que não se desgrudam nem durante os longos mergulhos. Existe até mesmo um tipo específico de piolho que vive no papo enorme que os pelicanos têm debaixo do bico. E há aranhas-d'água (também conhecidas como insetos-jesus) que passam a vida deslizando suas seis patinhas pelo oceano. Porém, os insetos podem não ser tão grandes assim. Mas seus feitos estão longe de ser pequenos.

Bem antes de os humanos firmarem-se em dois pés pelo planeta, os insetos já haviam dado início à agricultura e à pecuária: cupins cultivam fungos como alimento e formigas criam pulgões, a exemplo de vacas leiteiras. As vespas foram as primeiras a produzir papel a partir da celulose. Larvas de moscas-da-primavera (*Trichopterae*) passaram anos a fio capturando outros bichos antes de nós, humanos, conseguirmos tecer nossa primeira rede de pesca. Os insetos resolveram problemas complexos de aerodinâmica e navegação há vários milhões de anos, e dominaram não o fogo, mas pelo menos a luz — que controlam dentro dos próprios corpos.

Um parlamento de insetos

Se optarmos por contar indivíduos ou espécies, sobram razões para afirmar que os insetos são o grupo de animais de maior sucesso do planeta. Eles não são apenas incontáveis em número; eles representam mais da metade das espécies multicelulares que conhecemos — há cerca de um milhão de variantes diferentes deles. Ou seja, se você tivesse um calendário com fotos de uma espécie diferente de inseto a cada mês, ele teria 80.000 anos!

De A a Z, os insetos nos impressionam com sua riqueza de espécies: de abelhas a zangões, passando por borboletas, cigarras, drosófilas, escaravelhos, formigas, gafanhotos, himenópteros, libélulas, mandruvás, pulgões, saúvas e vespas.

Na Noruega há insetos que detêm o poder, de verdade. Vamos fazer um raciocínio hipotético: para ter uma ideia de como a biodiversidade é distribuída entre os diferentes grupos de espécies, suponhamos que todas as espécies de insetos conhecidos na Noruega, grandes ou pequenos, ocupem um lugar no parlamento. O parlamento ficaria lotado, pois mesmo se permitíssemos a entrada de um representante de cada espécie, teríamos 43.705 "deputados".

Agora, digamos que dividíssemos os mandatos, e desta forma os assentos no parlamento, de acordo com a quantidade de espécies existente em cada um dos grupos de animais. Estaríamos diante de um padrão novo e desconhecido.

Os insetos dominariam. Teriam 44% dos assentos — e aqui contamos apenas os insetos "puros", não aracnídeos, centopeias. Além disso, fungos e cogumelos dividiriam um quinto dos assentos, enquanto plantas vascularizadas (superiores) e musgos deteriam 12% das cadeiras. Para facilitar, imaginemos uma nova coalizão formada pelo restante dos pequenos organismos, desde as lombrigas até os caracóis e ácaros. Eles teriam, então, um quarto dos assentos.

Mas e quanto a nós nessa divisão? Examinando a biodiversidade com esse critério, somos muito poucos. Ainda que nos aliemos a todas as demais espécies de vertebrados da Noruega — isto é, animais como alces, peixes, pássaros, cobras e rãs —, ficaríamos abaixo da cláusula de barreira, com apenas 2% das espécies animais. Em outras palavras, nós, humanos, somos completamente dependentes de uma infinidade de espécies pequenas e anônimas, das quais os insetos compõem uma proporção significativa.

Fadas-anãs e gigantes bíblicos

Existem insetos de todas as cores e padrões, e seu tamanho pode variar em proporções jamais igualadas a quaisquer outros grupos de animais. Os menores insetos do mundo são as fadas-anãs, um tipo de vespa (*Mymaridae*). Elas passam a vida larval dentro dos ovos de outros insetos, e isso diz muito sobre quão diminutas são. Uma dessas espécies é a da minúscula vespa *Kikiki huna*, que com apenas 0,16 mm é tão pequena que não conseguimos enxergá-la. Seu nome provém do idioma polinésio oficial do Havaí, um dos locais onde é encontrada, e quer dizer algo como "pontinho minúsculo".

Há espécies-irmãs de vespas-anãs com nomes ainda mais inventivos. A *Tinkerbella nana* foi batizada assim em homenagem à fada Sininho (Tinkerbell, em inglês), de "Peter Pan". O nome "nana" é um trocadilho com "nanos", a palavra grega para "anã", e Nana, a cadela da raça são-bernardo de Peter Pan. A vespa sininho é tão pequena que pode pousar na ponta de um fio de cabelo humano.

Dessa minúscula vespa aos maiores insetos que existem há um longo caminho a percorrer, pois, em se tratando de insetos, o que significa ser "o maior"? Seria o mais longo? Neste caso, o título fica com o bicho-pau chinês *Phryganistria chinensis zhao*. Com seus 62 centímetros, ele é mais comprido que o seu antebraço; em compensação, não é mais grosso que um indicador. A subespécie desse bicho recebeu o nome em homenagem ao entomologista Zhao Li, que passou seis anos da vida procurando esse inseto seguindo dicas de moradores da região de Guanxi, no sul da China.

No entanto, se estivermos falando do inseto mais pesado do mundo, o título fica com o besouro-golias. A larva desse gigante africano chega a pesar 100 gramas — quase o mesmo peso de um tordo. O nome deriva do Golias da Bíblia, o gigante de três metros de altura temido pelos israelitas e, ainda assim, derrotado por Davi com uma funda e a ajuda de um poder supremo.

Os insetos primitivos — antes dos dinossauros

Os insetos estão por aqui há muito mais tempo do que nós, humanos. É difícil fazer ideia da magnitude desse tempo, seja em éons, eras, milhares ou milhões de anos. Portanto, pode não significar muita coisa a você se eu afirmar que os primeiros insetos viram a luz do dia por volta de 479 milhões de anos atrás. Em vez disso, considere que os insetos presenciaram o alvorecer e o declínio dos dinossauros com uma boa margem de intervalo temporal.

Certo dia, há muito tempo, as primeiras plantas e animais migraram do mar para a terra firme, uma revolução para a vida no planeta. Imagine se tivéssemos como filmar esse instante decisivo para um clipe de impacto, algo como: "Um pequeno passo para quem rasteja, um salto gigantesco para a vida na Terra". Infelizmente temos de satisfazer nossa curiosidade acompanhando a evolução dos insetos por meio dos fósseis e usando a nossa imaginação.

Imagine-se de volta a tempos imemoriais. Alguns milhões de anos se passaram desde que a primeira criatura se aventurou erguendo a cabeça para fora do mar, explorando lugares novos e mais secos. Estamos em pleno período devoniano, tempo geológico pouco conhecido, espremido entre os célebres cambro-siluriano (cambriano, ordoviciano, siluriano — a origem das imensas áreas calcárias ao redor de Oslo, capital da Noruega) e o período carbonífero (alicerce da nossa sociedade dependente de combustíveis fósseis, que tanta prosperidade e tantas ameaças climáticas nos legaram). A evolução avançou rapidamente, e agora o primeiro inseto é real: lá no chão, entre samambaias e plantas semelhantes a patas de corvos, um pequeno animal de seis patas, com um corpo dividido em três partes e duas pequenas antenas. É o primeiro inseto que existiu, que, com passos tímidos, marcha em direção à dominação completa do planeta por essa espécie.

A estreita relação entre insetos e outras formas de vida deu-se já no primeiro dia de sua existência na Terra. As plantas terrestres aumentaram as oportunidades para insetos e outros pequenos animais, oferecendo-lhes algo para comer sobre um chão estéril e rochoso. Em retribuição, os insetos melhoraram as possibilidades de evolução das plantas, reciclando os nutrientes de espécies vegetais mortas e dando origem a um solo fértil.

A bênção das asas

Uma razão importante para o enorme sucesso dos insetos é que eles podem voar, uma inovação engenhosa que deve ter ocorrido há 400 milhões de anos! Os insetos tinham acesso a algo único: alados, podiam alcançar alimentos no alto das plantas de modo muito mais eficaz, driblando os inimigos presos ao chão. Para os mais aventureiros, as asas representaram novas possibilidades de explorar áreas desconhecidas. O acesso ao espaço aéreo também afetou a escolha do parceiro, uma vez que trouxe oportunidades sem precedentes de se exibir de ângulos favoráveis, tridimensionalmente, e de frequentar os locais mais cobiçados.

Não sabemos ao certo quando surgiram as asas. Talvez tenham evoluído de uma protuberância no tórax, que pode ter sido usada para captar os raios solares ou para estabilizar o corpo em caso de queda ou salto. Talvez as asas tenham se originado a partir de guelras. O fato é que esses insetos descobriram que eram dotados de um acessório que funcionava muito bem para planar e amortecer a queda do alto das árvores. Insetos com protuberâncias aladas mais desenvolvidas tinham acesso a mais alimentos e viviam por mais tempo, e assim produziam mais herdeiros, que por sua vez herdavam essas características especiais. Dessa forma, a evolução tratou de tornar as asas algo comum — e muito rapidamente, considerando o tempo geológico. Não demorou para o espaço aéreo ficar congestionado com o zumbido de asinhas brilhantes dos tipos mais variados.

Para entender a importância dessas asas para os insetos primitivos é preciso mencionar um detalhe importante: ninguém mais podia voar! Pássaros, morcegos ou répteis alados não surgiriam ainda por um bom tempo, portanto os insetos tiveram o domínio soberano dos céus durante mais de 150 milhões de anos. Para fins de comparação, nossa espécie, o *Homo sapiens*, está presente no planeta há meros 200 mil anos.

Os insetos sobreviveram a cinco episódios de extinção maciça das espécies. Os dinossauros sucumbiram ao terceiro desses ciclos, ocorrido cerca de 240 milhões de anos atrás. Da próxima vez que achar os insetos irritantes, pense que esse grupo de animais está por aqui desde bem antes dos dinossauros. Acho que isso já é motivo suficiente para merecerem nosso respeito.

CAPÍTULO 1

SERES PEQUENINOS, MAS COM DESIGN SOFISTICADO

Mas, então, como são feitas essas pequenas criaturas com as quais dividimos o planeta? Prepare-se para um curso relâmpago de constituição dos insetos, no qual também aprenderemos que, apesar do tamanho modesto, eles sabem contar e são capazes de aprender e reconhecer uns aos outros e também a nós, humanos.

Seis pernas, quatro asas, duas antenas

O que é um inseto na verdade? Se tiver dúvidas, uma boa regra é começar contando as perninhas. A maioria dos insetos tem seis pernas, todas presas à parte do meio do corpo.

O próximo passo é verificar se o bicho tem asas. Elas também se localizam na parte do meio. A maioria dos insetos tem quatro asas, um par dianteiro e outro traseiro.

Indiretamente, você também chegou aqui sabendo de um traço marcante dos insetos, ou seja, que eles têm um corpo dividido em três partes. Sendo um dos vários representantes do filo dos artrópodes, os insetos são constituídos de muitos segmentos. Esses segmentos evoluíram para três partes bem distintas: cabeça, tórax e abdome.

Algumas dessas partes ainda parecem entalhadas ou gravadas em relevo na superfície de muitos insetos, como se alguém os tivesse cortado com um instrumento afiado, e daí surge o nome desse grupo de animais: a palavra "inseto" deriva do verbo "insecare", que em latim significa cortar em segmentos.

A parte anterior do corpo, a cabeça, não é muito diferente da nossa. Nela estão a boca e os órgãos sensoriais principais: os olhos e as antenas. Enquanto as antenas não passam de duas, a quantidade e o tipo de olhos podem variar. Digamos assim: os olhos dos insetos não precisam necessariamente estar na cabeça. Uma espécie de borboleta-rabo-de-andorinha tem os olhos no pênis! Os machos os utilizam para se posicionarem corretamente durante o acasalamento. As fêmeas também têm os olhos no trecho posterior do corpo, que usam para conferir se os ovos foram depositados no local certo.

Se a cabeça é o centro sensorial dos insetos, a metade do corpo — o tórax — é o centro de locomoção. Músculos poderosos, necessários para movimentar asas e pernas, preenchem a maior parte desse segmento. Vale dizer que, ao contrário de qualquer outro animal capaz de voar ou planar — pássaros, morcegos, peixes-voadores, esquilos-voadores —, as asas dos insetos não são braços ou ossos adaptados; são dispositivos de locomoção próprios, complementares às pernas.

O abdome, em geral o segmento maior, concentra o sistema reprodutor e a maior parte do sistema digestivo dos insetos. O resíduo intestinal sai pelo extremo do abdome, no mais das vezes. As minúsculas larvas da vespa-das-galhas, que passam a vida larval inteira envoltas na estrutura de uma planta, são muito bem-educadas. Elas sabem que não devem defecar no próprio ninho, e uma vez que estão presas numa casa de um só quarto e sem toalete, o jeito é segurar as pontas. Somente quando deixam o estado larval é que o intestino se conecta à abertura no fim do abdome, e elas podem se aliviar.

Uma vida como invertebrado

Insetos são invertebrados, isto é, não possuem espinha, juntas ou ossos. Em vez disso, eles têm um esqueleto externo. Uma carapaça externa dura, porém leve, chamada de exoesqueleto, protege o interior macio de colisões e impactos. A superfície mais externa é coberta por uma camada de cera que protege contra o maior temor que um inseto pode ter: a desidratação. Pequenos como são, os insetos têm uma superfície grande em comparação com o pequeno volume, o que implica em alto risco de que as preciosas moléculas de água se evaporem e os deixem endurecidos e sem vida como uma posta de bacalhau seco. A camada de cera é essencial para aprisionar cada molécula de umidade.

O mesmo material que compõe o exoesqueleto ao redor do corpo também constitui as pernas e as asas. As pernas são tubos ocos e articulados que lhes permitem correr, pular e fazer outras atividades animadas.

Existem, entretanto, algumas desvantagens em ter o corpo envolto por um esqueleto. Como crescer e aumentar de tamanho estando preso assim? Imagine uma massa de bolo dentro de uma armadura medieval; ela irá crescer até um determinado ponto. Mas os insetos encontraram uma solução: uma nova armadura, a princípio bem macia, vai se formando embaixo da anterior. A velha armadura rígida racha e o inseto salta de dentro da sua nova casca tinindo, da mesma forma como você quando veste uma roupa nova. Agora, tudo o que tem a fazer é inchar, literalmente, para expandir ao máximo a armadura nova e macia antes que ela resseque e endureça igual à anterior. Um exoesqueleto duro e rígido significa que o inseto atingiu seu potencial de crescimento, até que a próxima troca de casca lhe abra novas possibilidades.

Se isso tudo lhe parece cansativo, saiba que esse custoso processo de crescimento ocorre apenas no início da vida dos insetos (com algumas exceções).

Tempo de transformação

Os insetos apresentam-se em duas variantes: aqueles que se transformam gradativamente por meio da troca da carapaça, e aqueles que passam por uma transformação súbita, que marca a transição para a vida adulta. Essa transição se chama metamorfose.

Os primeiros — por exemplo, libélulas, gafanhotos, baratas e percevejos — mudam gradualmente de aparência à medida que crescem.

Um pouco como nós, humanos, exceto pelo fato de que não precisamos nos livrar da nossa pele para crescer. Durante a fase infantil, esses insetos são chamados de ninfas. As ninfas crescem, trocam o exoesqueleto algumas vezes (o número varia de espécie para espécie, mas o mais frequente é de três a oito vezes) e ficam cada vez mais parecidas com a versão adulta. Finalmente, a ninfa faz uma última troca de casca e rasteja para fora do casulo com asas e órgãos sexuais plenamente desenvolvidos — pronto, cresceu!

Outros insetos passam por uma transformação completa — uma mudança quase mágica da infância para a vida adulta. No nosso mundo humano, temos de recorrer à fantasia para encontrar exemplos de mudanças parecidas — como o sapo que se torna príncipe quando é beijado pela princesa, ou a personagem Minerva McGonagall, de "Harry Potter", quando assume a forma de um gato. Nos insetos, a mudança não depende de fantasia ou de feitiços para acontecer. A metamorfose é controlada por hormônios e determina a transição do estágio infantil para o adulto. Primeiramente, o ovo é chocado e dá à luz uma larva, que não parece em nada com aquilo em que irá se transformar. A larva costuma ter uma boca na extremidade e um ânus na outra, e a aparência de uma bolsa comprida e amarelada (embora haja honrosas exceções, caso de várias lagartas tropicais). A larva passa por várias trocas de casca e fica cada vez maior, mas mantém-se bastante semelhante ao que já é.

A mágica ocorre no estágio da pupa, um período de descanso em que o inseto passa por uma transformação miraculosa, de um anônimo "bicho-bolsa" para um incrível e finamente elaborado indivíduo adulto. Dentro da pupa, o inseto inteiro é reconstruído, como um Lego cujos tijolinhos tenham sido desmontados e remontados novamente, dando forma a um novo brinquedo. Finalmente a pupa racha e uma "maravilhosa borboleta vem ao mundo no verão" — nas palavras do meu livro infantil favorito, *Den lille larven Aldrimett* (*A lagartinha esfomeada*).

A metamorfose, uma transformação completa, é engenhosa e, sem dúvida, a variante mais bem-sucedida. A maioria das espécies de insetos do planeta, 85%, passa por uma metamorfose completa. Isso inclui os grupos de insetos predominantes, como besouros, vespas, borboletas, moscas e mosquitos.

O engenhoso disso reside no fato de que assim é possível explorar duas dietas e hábitats diferentes como criança e adulto, tirando o máximo proveito de ambas em cada uma dessas fases da vida. Confinadas ao chão, as larvas são como máquinas de comer, devorando tudo que encontram apenas para acumular energia. No estágio de pupa, as calorias acumuladas são utilizadas e reinvestidas em um organismo totalmente novo: uma criatura alada, dedicada à reprodução.

A conexão entre larvas e insetos é conhecida desde a antiga civilização egípcia, mas não se tinha uma ideia clara do que acontecia. Alguns achavam que a lagarta era apenas um feto desorientado que escapara do ovo e rastejava de volta a ele — na forma de pupa —, para finalmente poder nascer. Outros alegavam que se tratava de dois indivíduos totalmente diferentes, que o primeiro morrera e ressuscitara em um novo ser. Somente no século XVII, o biólogo holandês Jan Swammerdam pôde, com seu microscópio, demonstrar que a larva e o inseto adulto eram o mesmo indivíduo o tempo inteiro. Com o microscópio foi possível perceber, seccionando cuidadosamente uma larva ou pupa, as características claras e inequívocas do inseto adulto. Swammerdam gostava de exibir suas habilidades de cirurgião e seu microscópio diante de uma plateia, e apresentava-se escalpelando uma enorme larva de bicho-da-seda e identificando a estrutura e os padrões característicos das veias nas asas desse inseto.

Mesmo assim, essa foi uma descoberta que não se popularizou até um bom tempo depois. No seu diário, Charles Darwin conta a história de um pesquisador alemão acusado de heresia no Chile, no século XIX, por alegar que tinha o poder de transformar lagartas em borboletas. Até hoje o surgimento da metamorfose é objeto de debates entre especialistas. Felizmente ainda existem mistérios neste mundo.

Nomenclatura dos insetos – qual é o nome do bicho?

No esforço de controlar as hordas de insetos, nós, humanos, os dividimos em grupos de acordo com o grau de parentesco. Este é um sistema engenhoso que começa com reinos, divididos em séries e classes, que por sua vez dividem-se em ordens, famílias e parentesco até chegar à espécie propriamente dita.

Tomemos a vespa comum como exemplo. Trata-se de uma espécie que pertence ao reino animal, ao filo dos artrópodes, à classe dos insetos, à ordem das vespas, à família das vespas com ferrão, ao gênero das vespas e, assim sendo, à espécie vespa comum.

Todas as espécies têm um nome duplo em latim, grafado em itálico. O primeiro nome diz a que gênero a espécie pertence, e o segundo é um acréscimo que indica a espécie. Esse sistema foi inventado pelo naturalista sueco Carl von Linné no século XVIII. O sistema facilitou a vida dos biólogos, que podem saber exatamente se estão se referindo à mesma espécie por meio das diferentes fronteiras e idiomas. A vespa comum recebeu o nome de *Vespula vulgaris*. No mais das vezes, é possível reconhecer o significado dos nomes em latim. *Vulgaris* significa comum (e também é a origem da palavra "vulgar" no sentido de "ordinário").

O nome em latim também pode dizer algo sobre a aparência do inseto. O nome *Stenurella nigray*, por exemplo, descreve o visual inteiramente negro de uma espécie de besouro. Outras vezes, o nome pode ser inspirado na mitologia, como é o caso da belíssima borboleta-pavão, *Aglais io*. A ninfa Io (divindade das águas, bosques e florestas na mitologia grega) era uma das paixões de Zeus, e por acaso também empresta o nome a uma das luas de Júpiter.

Com centenas de insetos para denominar, os entomologistas (estudiosos de insetos) valem-se de tudo que têm nas mãos, batizando espécies em homenagem a algum artista famoso, como a mutuca *Scaptia beyonceae* (p. 51), ou a um personagem de um filme favorito, caso das vespas *Polemistus chewbacca*, *R. vaderie* e *R. yoda*. Às vezes, o trocadilho está escondido nos nomes das espécies, e só fica perceptível quando são ditas em voz alta. Tente falar os nomes, com pronúncia em inglês, dos besouros em forma de feijão *Gelae baene* ("Jelly bean", *jujuba*) e *Gelae fish* ("Jelly fish", água-viva), ou da vespa parasita *Heerz lukenatchae* ("He's looking at you", *Ele está olhando para você*) e da sua aparentada *Heerz tooyal* ("Here's to you all", *Aqui para vocês* ou, ainda, *Um brinde a todos*).

Na Noruega encontramos 23 ordens diferentes de insetos. Dípteras (moscas de um par de asas), vespas, besouros, borboletas e hemípteras (cigarras, percevejos, pulgões e cochonilhas). Outras ordens incluem libélulas, baratas, ortópteras (gafanhotos e grilos, de asas retas), moscas e mosquitos aquáticos, tripes, piolhos e pulgas.

As dípteras incluem espécies que costumamos chamar de moscas, mosquitos, pernilongos e muriçocas. São assim chamados porque têm duas asas, sendo que os insetos normalmente têm quatro. Nos dípteros, as asas posteriores transformaram-se em pequenos órgãos encaracolados que ajudam a manter o equilíbrio no voo. Temos cerca de 5.300 espécies de dípteros na Noruega.

A ordem das vespas compreende insetos bem conhecidos, como formigas, abelhas, mamangabas (abelhões) e marimbondos. Muitas dessas espécies têm comportamento social e gregário, vivendo em colônias de operárias do sexo feminino sob o domínio de uma ou mais rainhas. A ordem compreende também uma grande quantidade de vespas menos conhecidas, que habitam as matas, e algumas de comportamento parasitário. Na Noruega são mais de 4.100 espécies dessa ordem.

Os besouros são a maior ordem de insetos em todo o mundo, apesar da concorrência feroz da ordem das vespas, a que aumenta vertiginosamente à medida que evoluem as descobertas científicas. Os besouros são caracterizados por asas dianteiras rígidas, que formam uma carapaça protetora sobre o dorso. A propósito, os besouros são animais de aparência e modo de vida extremamente diverso, e os encontramos tanto na água como na terra. Há 95 famílias de besouros representadas na Noruega, entre elas os de asas curtas, escaravelhos, serra-paus, carunchos, gorgulhos e joaninhas. Ao todo há cerca de 3.600 espécies de besouros na Noruega.

As borboletas têm asas formadas por conchinhas que se assemelham a telhas. Há menos de 2.200 diferentes espécies de borboletas na Noruega, porém algumas são minúsculas e pouco notadas. As mais conhecidas são as espécies de hábitos diurnos — aqui é possível encontrar cerca de 100 espécies ativas e multicoloridas. Em linguagem coloquial, chamamos de "mariposas" as borboletas menores e ativas à noite, as maiores recebem o nome de "bruxas".

A ordem dos hemípteros é menos conhecida do público em geral, embora tenha mais de 1.200 espécies na Noruega. Eles se dividem em três grupos principais: percevejos; cigarras; pulgões, piolhos e cochonilhas. Em geral possuem uma espécie de bico na boca, em forma de canudo, que usam para sugar o alimento, habitualmente seiva vegetal, embora alguns sejam predadores ou hematófagos (alimentam-se de sangue). Os percevejos parecem besouros no formato do corpo, mas podem ser distinguidos por uma espécie de triângulo nas costas. É possível que você tenha visto alguns correndo sobre a superfície de poças d'água, ou mesmo sentido o cheiro desagradável de uma maria-fedida, que secreta uma substância malcheirosa quando se sente ameaçada. As cigarras têm o corpo parecido com o do sapo e podem saltar como gafanhotos. Os pulgões, cochonilhas e piolhos são bem conhecidos de jardineiros e agricultores. As fêmeas dessas espécies não têm pernas ou asas e ficam presas às folhas e talos das plantas, que usam como escudo e abrigo.

Vale lembrar que aranhas não são insetos. Elas pertencem ao mesmo filo dos artrópodes, mas têm uma classe própria: são aracnídeos, como também os escorpiões e ácaros.

Nem mesmo as centopeias, embuás e lacraias são insetos. Eles têm pernas demais, para ficarmos no detalhe mais visível, e pertencem a vários outros grupos de invertebrados. Até os fofinhos tatuzinhos-de-jardim são insetos, embora alguns tenham seis patas. Uma vez que os entomologistas estudam uma comunidade de animais extremamente diversa e multifacetada, às vezes tanto os tatuzinhos como os aracnídeos acabam sendo incluídos quando falamos de insetos em geral. Neste livro também será assim.

Respirando por meio de um canudo

Os insetos não têm pulmões e não respiram pela boca, como nós. Em vez disso, respiram através de orifícios nas laterais do corpo. Esses buraquinhos vão da superfície até o interior, como canudinhos inseridos no corpo dos insetos. O ar enche os canudos e o oxigênio migra dali para as células do corpo. Sendo assim, os insetos não precisam usar sangue para transportar oxigênio para os cantos e recantos do próprio corpo, mas ainda assim dependem de um tipo de sangue, que nos insetos é chamado de hemolinfa, para levar nutrientes e neurotransmissores às células e remover delas os resíduos. Uma vez que o sangue dos insetos não carrega oxigênio, ele não precisa de hemoglobina, a substância vermelha rica em ferro típica do sangue dos mamíferos. Por isso, o sangue dos insetos é claro, amarelado ou esverdeado, e também por isso o para-brisa do carro não fica parecendo a cena de um crime de romance policial barato quando dirigimos por uma estrada numa noite cálida de verão. Tudo que vemos são aqueles vestígios amarelo-esverdeados de insetos esmagados.

Os insetos não possuem nem mesmo vasos sanguíneos. Em vez disso, o sangue deles circula livremente ao redor de todos os órgãos do corpo, pelas pernas e pelas asas. Para fazer a coisa toda fluir, eles têm uma espécie de coração: um tubo alongado ao longo do dorso, com músculos e aberturas ao lado e na frente. As contrações musculares garantem que o sangue seja bombeado para trás e para a frente, até a cabeça e depois para o cérebro.

Os sentidos dos insetos são processados no cérebro. Sinais ambientais captados por meio de cheiros, ruídos e barulhos são extremamente importantes para procurar comida, evitar inimigos e encontrar um parceiro. Embora compartilhem conosco os mesmos sentidos básicos — eles percebem a luz, o som, o cheiro e podem sentir o gosto e o toque —, a maioria dos órgãos sensoriais dos insetos é construída de uma maneira completamente diferente. Vamos agora examinar o aparelho sensorial dos insetos.

A linguagem dos cheiros

O olfato é importante para muitos insetos, mas eles não têm um nariz igual ao nosso. Em vez disso, percebem os odores inicialmente com as antenas. Alguns insetos, como certas borboletas macho, têm antenas enormes e peludas, capazes de sentir o odor da fêmea, ainda que em concentrações mínimas, a vários quilômetros de distância.

Os insetos comunicam-se de várias maneiras por meio dos cheiros. Através das moléculas de odor, eles podem transmitir mensagens de todo tipo, desde anúncios classificados como "Dama solitária procura moço simpático para diversão mútua", até bilhetes deixados por formigas informando às colegas algo assim: "Siga esta trilha e você encontrará um delicioso bocado de geleia na bancada da cozinha".

Besouros que vivem na casca dos pinheiros, por exemplo, não precisam de Snapchat nem de WhatsApp para contar aos outros onde é a balada. Quando algum deles descobre um abeto enfraquecido, ele grita na linguagem dos odores. Dessa forma consegue juntar um número suficiente de besouros para dominar uma árvore viva e enfraquecida, que terminará seus dias como berçário para dezenas de milhares de besourinhos.

Não podemos sentir o cheiro da maioria desses perfumes de insetos. Não somos capazes de sentir esses odores. Porém, caso um dia você esteja de passagem pela cidade de Tønsberg, numa noite de verão qualquer, talvez tenha a sorte de sentir o cheiro de uma deliciosa essência de pêssego. É o eremita, um dos maiores e mais raros besouros da Noruega tentando atrair para si a pretendida que pode estar na copa da árvore ao lado. Ele exala uma substância de nome nada romântico, gama-decalactona — uma substância produzida em laboratório e usada em cosméticos, e também para aromatizar bebidas e comidas.

O cheiro é de grande valia para o eremita, que é pesado, preguiçoso e raramente alça voo, ao menos em grandes distâncias. Ele vive em árvores antigas e ocas, nas quais suas larvas mastigam a casca apodrecida, e é extremamente caseiro — um estudo sueco revelou que a maioria dos eremitas adultos continuava morando na mesma árvore em que nasceu. Tal desinteresse em mudar de ares não facilita a descoberta de novas árvores ocas que podem ser habitadas, e um tronco oco de uma velha árvore é algo cada vez menos comum em áreas densamente povoadas e em florestas sob forte pressão ambiental. Por isso, na Noruega essa espécie só é encontrada num único lugar, no Centro de Tønsberg. Ou, melhor dizendo, em dois lugares, pois alguns indivíduos foram remanejados para um bosque de carvalho nas proximidades, numa tentativa de garantir a sobrevivência da espécie.

Uma flor tentadora

As flores sabem muito bem que os aromas são importantes para os insetos. Quer dizer, milhões de anos de evolução mútua produziram a mais incrível interação entre ambas as espécies. A maior flor do mundo, do gênero *Rafflesia*, ocorre na Ásia e é polinizada por moscas saprófagas, que se alimentam de carne apodrecida. Não adianta então tentar atraí-las com "aromas da brisa de um dia quente de verão, com notas de âmbar e a sensualidade da baunilha" — como diria o jargão da indústria de perfumes. Caso você queira uma visita da mosca saprófaga, é preciso usar o idioma que ela conhece. Por isso, a maior flor do mundo fede como um animal morto há dias apodrecendo no calor da floresta — um odor de carne podre, irresistível se você é uma mosca saprófaga.

Mas você não precisa se aventurar pela floresta para encontrar exemplos de flores que falam a linguagem olfativa dos insetos. A rara orquídea *Ophrys insectivora* é nativa da Europa. Suas flores azul-amarronzadas parecem a fêmea de uma espécie de vespa, e o odor que exalam complementa essa semelhança. A flor tem o mesmo cheiro da fêmea da espécie quando quer namorar. O que faz então um macho dessa espécie de vespa, recém-chegado ao mundo, cuja cabeça só tem um pensamento na curta vida que irá levar? Ele cai direitinho na artimanha da orquídea e tenta copular com a flor. Não dá muito certo, então ele voeja para a próxima flor e tenta novamente. Nada feito ali também. O que ele nem desconfia é que, durante essas visitas malsucedidas, acabou com uns pontinhos amarelados presos ao corpo — estruturas semelhantes a antenas com bolinhas na extremidade, muito parecidas com as cerdas das escovas que encontramos em salões de cabeleireiros. Nessa estrutura está o pólen dessas orquídeas. Dessa forma, o ardor da paixão da vespa contribui para que as flores sejam polinizadas.

E se você está preocupado com o destino do desiludido senhor vespa, relaxe. As fêmeas de verdade eclodem dos ovos alguns dias depois dos machos, e então a coisa esquenta de verdade. A perpetuação tanto da orquídea como da vespa está garantida.

Olhos nos joelhos e relógios da morte

Comunicar-se por meio do odor é importante para os insetos, principalmente para fins de reprodução. Apesar disso, alguns preferem confiar no som para encontrar um parceiro. O canto dos gafanhotos não chega aos nossos ouvidos anunciando a chegada do verão, mas serve para que o macho encontre sua fêmea. Normalmente é o macho que cantarola ansiosamente para atrair a fêmea, assim como também entre os pássaros. Se você já ouviu o ensurdecedor canto das cigarras no auge do verão, imagine o que poderia ser caso as fêmeas também resolvessem cantar. Como diz um antigo provérbio grego, "Felizes são as cigarras, pois suas mulheres são mudas". Permita-me acrescentar que, às vezes, manter-se de boca fechada é sinal de grande inteligência. Não são apenas os amantes da boa música que são atraídos pelo canto. Parasitas assustadores estão à espreita aguardando o momento exato para pôr um minúsculo ovo no nosso solista apaixonado. Por mais inocente que pareça, esse ovo marcará o fim da melodia. O ovo eclodirá e dele sairá uma larva esfomeada que devorará o cantor pelas entranhas.

Os insetos têm ouvidos em todos os locais possíveis, mas raramente na cabeça. Os ouvidos dos insetos podem estar localizados nas pernas, nas asas, no tórax ou no abdome. Até mesmo na boca, como ocorre com certas borboletas. Os ouvidos são de vários modelos, embora todos sejam do tamanho XXXP, e alguns são extremamente sofisticados. Um desses possui uma membrana vibrante, como uma espécie de tambor minúsculo, cuja pelica é afinada a cada vez que as ondas sonoras a alcançam. Não é tão diferente do nosso tímpano, apenas uma versão miniaturizada e simplificada.

Os insetos também podem sentir com a ajuda de diferentes sensores associados a pequenos pelos que capturam vibrações.

Mosquitos e moscas frutíferas possuem sensores assim nas antenas, e lagartas podem carregar pelos sensoriais por todo o corpo, com os quais escutam e podem sentir o toque e o gosto. Alguns ouvidos podem capturar sons de longa distância, enquanto outros só funcionam se for muito perto. É complicado definir exatamente o que seria "ouvir"

— seria, por exemplo, como capturar vibrações num gramado onde se está sentado lendo um livro? Ou escutar um som é "senti-lo"?

Quando se é pequeno, pode-se usar um amplificador para aumentar a potência do som. É o que fazem os besouros comumente chamados de "relógios da morte" (espécies encontradas em carvalhos e troncos apodrecidos, do gênero *Xestobium*). Antigamente, as pessoas achavam que o ruído que produziam prenunciava a morte iminente, mas a explicação é bem mais prosaica. As larvas desses besouros vivem em madeira apodrecida, preferencialmente em troncos, e as casas na Escandinávia geralmente são de madeira. Quando adultos, os besouros encontram seus parceiros batendo a cabeça na parede. O som propaga-se pelas paredes e é capturado tanto pelos besouros como por nós. O som lembra o tique-taque de um relógio ou alguém tamborilando os dedos numa mesa. Na crendice popular, esses sons alertariam que alguém estaria prestes a morrer — um relógio a contar os últimos minutos ou o homem da foice esperando, impaciente. Na realidade, era mais provável que esses sons ficassem mais evidentes numa casa silenciosa, na qual houvesse pessoas velando um doente grave acamado.

Um violoncelo muito original

Podemos ouvir outros ruídos de insetos muito bem, a céu aberto e em pleno dia, como é o caso das cigarras zunindo. Mesmo assim, não são elas que ganham a competição de inseto mais barulhento do mundo. Se considerarmos o tamanho, o primeiro lugar vai para um inseto aquático de dois milímetros de comprimento. Uma espécie de barata-d'água da família *Micronecta* compete pela atenção das fêmeas justamente fazendo música. Mas como fazer uma serenata para a amada quando se tem o tamanho de um grão de areia? Bem, a pequena baratinha toca uma espécie de violoncelo usando a barriga como corda e o pênis como arco.

Alguns anos atrás, uma equipe de pesquisadores franceses instalou microfones subaquáticos para captar a música desses insetos. O mundo então conheceu a primeira gravação, ainda que pirata, da serenata de uma baratinha-d'água. E, de certa maneira, foi um grande sucesso.

Os pesquisadores ficaram convencidos de que demonstraram que esses pequenos animais, com seus violoncelos improvisados, bateram todos os recordes da indústria fonográfica, com um volume médio de 79 decibéis produzidos por um ser de dois míseros milímetros — um ruído correspondente ao produzido por um trem de carga de quinze metros de comprimento.

É quase inconcebível que algo assim possa ser verdade — e talvez não seja tão certo assim. É de fato muito complicado comparar sons propagados na água e no ar. Talvez essas baratas-d'água não sejam os insetos mais barulhentos do mundo, afinal, mas o fato de tocarem um instrumento com o próprio pênis é uma façanha que ninguém lhes pode tirar.

Esticando a língua além dos pés

Imagine que você pudesse caminhar pela floresta de pés descalços no verão e degustar os mirtilos selvagens à medida que pisasse sobre eles. A mosca doméstica pode. Ela sente o gosto com os pés. E as moscas são incrivelmente sensíveis: sentem o gosto do açúcar cem vezes mais do que nós, com as papilas que temos na língua.

Mas há algumas desvantagens em ser uma mosca doméstica. Elas não têm dentes ou qualquer outra coisa que lhes permita comer alimentos sólidos. Estão condenadas eternamente a seguir uma dieta líquida. Então, o que faz a pobre mosca quando pousa sobre algo delicioso, como a fatia de pão que você está comendo? Bem, ela o transforma numa pasta saborosa usando as enzimas digestivas que tem no estômago. A mosca vomita um bocado do que traz no estômago sobre a sua comida. E isso não é lá tão bom sob o nosso ponto de vista. As bactérias da refeição que a mosca acabou de comer, que podem estar muito longe daquilo que definimos como "comestível", vão parar na sua fatia de pão. Para a mosca isso é ótimo, pois é só aspirar o alimento para a barriga. As moscas domésticas têm uma boca que se assemelha ao bocal de um aspirador de pó acoplado a um cano curto. Tudo isso está conectado a uma espécie de bomba que a mosca tem na cabeça, e é essa bomba que cria a sucção para que ela aspire a comida que vomitou.

São justamente os maus modos da mosca à mesa, combinadas com uma dieta variada que inclui, por exemplo, cocô de animais, que fazem da mosca um vetor de propagação de doenças. A mosca não é perigosa por si, mas age como uma espécie de seringa contaminada que acaba nos infectando.

Pensando bem, é melhor que nós, humanos, sintamos o gosto com a língua e não com os pés. Uma coisa é provar o sabor dos mirtilos frescos na relva da mata no verão, mas já pensou passar o inverno inteiro degustando o solado dos próprios sapatos?

Uma vida multifacetada

Nos insetos, os sentidos funcionam de acordo com a necessidade. Enquanto libélulas e moscas dependem de uma visão excelente, insetos que habitam cavernas podem ser totalmente cegos. Insetos que mantêm relações estreitas com flores, como a abelha, podem enxergar cores, mas o espectro cromático é deslocado para cima, de maneira que elas não conseguem enxergar a cor vermelha. Em compensação, enxergam a luz ultravioleta, invisível para nós, humanos. Isso quer dizer que muitas flores que nos parecem de uma só cor, como o girassol, se apresentam com desenhos bem distintos para uma abelha, geralmente na forma de "pistas de pouso", indicando o caminho para o néctar guardado ali.

Os olhos multifacetados dos insetos são compostos de muitos olhos individuais, chamados de ocelos. O cérebro encarrega-se de compor as imagens captadas por cada ocelo numa só, de tamanho maior, mas menos definida e mais embaçada se comparada à maneira como nós enxergamos. Imagine uma foto de baixa resolução ampliada ao máximo na tela do seu computador. Há muitas razões para um inseto não ter carteira de motorista, mas a visão é certamente uma delas. Eles jamais conseguiriam identificar uma placa de trânsito a 20 metros de distância.

Por outro lado, é uma visão altamente adaptada ao uso diário que fazem dela. Imagine os besouros da família *Gyrinidae*, por exemplo, que parecem continhas brancas girando como redemoinhos na superfície dos lagos europeus de clima temperado. Eles têm dois pares de olhos com diferentes refrações. Um par serve para ver com precisão sob a água, de modo a poder evitar o ataque de um peixe faminto, e o outro par para enxergar melhor na superfície e encontrar a comida de que precisam flutuando sobre o espelho d'água.

Os insetos também têm a capacidade de ver a luz do dia de um jeito que nós não conseguimos. Eles enxergam a luz polarizada. A polarização diz respeito aos planos nos quais a luz do sol oscila, e muda de acordo como ela é refletida — seja na atmosfera, seja numa superfície brilhante como a água. Para não nos aprofundarmos muito na física ótica, vamos nos contentar dizendo que os insetos usam a luz polarizada como uma espécie de bússola para se orientar. Nós, humanos, fazemos coisa parecida quando usamos óculos escuros de lentes polarizadas para reduzir a intensidade do brilho da luz.

Além dos olhos facetados, os insetos também podem ter olhos simples, cuja principal função é distinguir o claro e o escuro. Na próxima vez que vir um marimbondo, encare-o bem nos olhos e perceba que, além dos olhos multifacetados em ambos os lados da cabeça, ele também tem três olhinhos em formato de triângulo na testa.

O caçador mais hábil do mundo está de olho em você...

Quando se trata de ter uma visão adaptada ao uso, as libélulas são uma categoria à parte. Precisamente por causa da visão, esses insetos são considerados os maiores predadores que existem.

É claro que os leões são dotados de uma visão aguçada e caçam em bandos, mas a verdade é que só abatem a presa a cada quatro tentativas. Mesmo o tubarão-branco, com seus 300 dentes afiados e reluzentes, só captura a presa a cada duas tentativas. A libélula, por sua vez, sobressai como um caçador mais letal: sua taxa de êxito é de 95%. Estamos falando das *Anisopteras*, que sempre pousam com as asas estendidas, e não das libélulas do tipo *Zygoptera*, que recolhem as asas em repouso.

Uma das razões pelas quais as libélulas são caçadoras muito habilidosas é seu domínio aéreo incontestável. As quatro asas podem se mover independentemente uma das outras, algo muito incomum nos insetos. Cada asa é controlada por um conjunto de feixes de músculos capazes de ajustar a frequência e o ritmo das batidas. Assim, uma libélula pode voar para trás, para o alto ou para baixo, como um helicóptero, e alternar entre ficar parada no ar ou se mover numa velocidade que pode chegar a 50 km/h. Não admira que sirvam de inspiração para a força aérea dos Estados Unidos projetar seus drones mais modernos.

Mas a visão também é parte integrante desse bom desempenho. Talvez não seja tão surpreendente, uma vez que a cabeça da libélula é quase inteira feita de olhos. Na verdade, cada olho consiste de 30 mil ocelos que enxergam tanto a luz ultravioleta como a luz polarizada, além das cores. E uma vez que os olhos são esféricos, a libélula é capaz de enxergar o que está se passando em todos os lados do corpo.

Não bastasse isso, o cérebro está preparado para lidar com essa visão extraordinária. Quando nós, humanos, assistimos a uma sucessão de fotos passando em alta velocidade, as percebemos como um movimento contínuo, um filme, caso sejam mais de 20 fotos por segundo. Uma libélula, por sua vez, pode ver até 300 imagens individuais por segundo, enxergando cada uma delas separadamente. Em outras palavras, seria um desperdício e tanto uma libélula pagar um ingresso para ver um filme no cinema. O que você percebe como filme não passa de uma sucessão de imagens estáticas, uma longa sequência de foto atrás de foto.

Com o tempo, o cérebro da libélula vai se concentrando num determinado quadro, na enorme multidão de impressões visuais que capta. Ele demonstra ter um tipo de atenção seletiva que não é conhecida em outros insetos ou animais do mesmo porte. Imagine pilotar um barco no mar e perceber outro barco movimentando-se para a frente, a um certo ângulo de onde você se encontra. Caso consiga manter aquele barco no mesmo ângulo de visão, eventualmente você o alcançará. É mais ou menos assim que o cérebro da libélula age numa caçada, concentrando-se num ponto e coordenando velocidade e direção para alcançar a presa com enorme grau de precisão. Órgãos sensoriais intrincados e bem desenhados de nada valem sozinhos. É preciso um cérebro para processar todas as informações que lhe chega, selecionar padrões e conexões relevantes e enviar as mensagens corretas para as diferentes partes do corpo. Mesmo que os insetos tenham cérebros minúsculos, devemos considerar que são mais inteligentes do que imaginamos.

Vá pela cabeça da formiga

Carl von Linné, o grande naturalista sueco que classificou as espécies de animais, colocou os insetos num grupo separado, em parte porque achava que não tinham cérebro algum. Não é de admirar. Se você cortar a cabeça de uma mosca-das-frutas, ela pode viver por dias quase como se nada tivesse ocorrido. Pode voar, caminhar e acasalar. Por fim, morrerá de fome porque, coitada, sem a boca não conseguirá se alimentar. A mosca decapitada pode viver porque os insetos não têm apenas um cérebro principal na cabeça, mas também um cordão neural que percorre todo o corpo, com "pequenos cérebros" em cada trecho. Com isso, muitas funções podem ser controladas sem a cabeça onde deveria estar.

Os insetos são inteligentes? Depende do que você entende por inteligência. Segundo o Mensa, uma espécie de clube que reúne pessoas de QI elevado, a inteligência é a "capacidade de adquirir e analisar informações". Certamente ninguém irá sugerir que um inseto faça parte do Mensa, mas o fato é que os insetos não param de nos surpreender com sua capacidade de avaliar situações e aprender com elas. Feitos que julgávamos possíveis apenas para animais superiores, dotados de coluna vertebral e cérebro maior, também são possíveis para nossos amiguinhos.

Porém, há enormes diferenças entre os insetos. Aqueles com vidas mais modorrentas e hábitos mais simples são os menos espertos. Não é preciso ser exatamente um gênio se passará a maior parte da vida preso ao pelo de um animal sugando seu sangue. Se for uma abelha, vespa ou formiga, entretanto, precisará ser mais esperta. Os insetos mais inteligentes são os que procuram comida em locais diferentes, e além disso firmam laços estreitos entre si, isto é, vivem juntos em sociedade. Esses pequenos seres precisam fazer julgamentos constantemente: aquilo amarelado ali é uma flor com um néctar bem doce ou uma aranha-caranguejeira faminta? Será que dou conta da ala dessa maternidade sozinha ou preciso de ajuda? Preciso de um pouco desse néctar para continuar meu trabalho ou devo levá-lo para minha mãe em casa?

Os insetos sociais dividem tarefas de trabalho, compartilham experiências e "conversam entre si" de maneira muito sofisticada. Isso requer raciocínio. E o resultado não é nada menos que impressionante. Citando Charles Darwin, "O cérebro de uma formiga é um dos átomos mais surpreendentes na matéria que constitui o mundo, talvez mais do que o cérebro humano". E isso foi dito antes de ele saber o que sabemos agora: formigas são capazes de transmitir habilidades para outras formigas.

Transmitir conhecimento já foi considerado uma característica exclusiva dos seres humanos, quase uma prova da nossa sociabilidade avançada. A transmissão do conhecimento distingue-se de qualquer outra forma de comunicação por três requisitos muito particulares: precisa ser uma ação que ocorra apenas quando um instrutor encontra um aluno "ignorante", implique um custo para o professor e faça o aluno aprender mais rápido do que se não tivesse assistido àquela aula.

Repassar conhecimento é uma expressão usada para referir comunicação em torno de conceitos e estratégias, e a dança das abelhas (p. 40) diz mais respeito ao processo em si, o que não é propriamente um conhecimento transmitido adiante. Entretanto, verificamos que formigas são capazes de aprender com outras formigas por meio de um processo que chamamos de "corrida em tandem". Essa corrida pode ser confirmada quando uma formiga mais experiente indica à outra o mapa da comida. Estamos falando de uma espécie de formiga europeia, a *Temnothorax albipennis*, que depende de marcos geográficos, como árvores, rochas e outros, além da trilha de odores, para lembrar-se do caminho do formigueiro até uma nova fonte de alimento. Para que mais formigas possam encontrar a comida, aquela que já sabe o caminho precisa ensiná-lo às outras.

A professora corre na frente para mostrar o caminho, mas para a cada instante à espera da aluna, que corre mais devagar, presumivelmente porque está reconhecendo o território por onde passa. Quando a aluna está novamente pronta, toca a professora com as antenas e ambas seguem adiante. Sendo assim, esse comportamento satisfaz os três requisitos da "verdadeira aprendizagem": a ação ocorre apenas quando um professor encontra um aluno "ignorante", implica um custo para a professora (ela tem de parar e esperar) e faz a aluna aprender mais rápido do que se tentasse aprender sozinha.

Recentemente, as abelhas também foram incluídas no célebre e restrito grupo de animais que podem ensinar truques aos outros. Pesquisadores suecos e australianos ensinaram os abelhões (mamangabas) a puxar um barbante para obter acesso ao néctar. Primeiro fizeram flores azuis artificiais no formato de um disco de plástico, que encheram com uma solução açucarada. Quando esses discos eram cobertos por uma placa de acrílico transparente, a única maneira de ter acesso à garapa era puxando um barbante atado às flores de mentirinha. Se os cientistas empregassem os abelhões sem o devido treinamento, nada acontecia. Nenhum deles puxava o barbante. Um grande ponto de partida. Mas então os abelhões foram apresentados às "flores" para que aprendessem que valia a pena chegar até elas. Gradativamente, essas flores foram afastadas de onde os abelhões estavam e encobertas pelas caixas de acrílico transparente. Finalmente, quando estavam fechadas nas caixas, 23 dos 40 abelhões começaram a puxar o barbante, trazendo as flores para mais perto e podendo sugar a solução açucarada. Foi, de fato, uma aula bem demorada. O processo inteiro demorou cinco horas de treino por abelhão.

O próximo passo foi ver se os abelhões treinados saberiam passar adiante esse estranho truque. Três abelhões foram escolhidos como "professores". Abelhões novatos e jamais treinados foram colocados juntos numa pequena gaiola transparente ao lado para assistir a uma demonstração. Quinze dos 25 alunos compreenderam a questão apenas observando como o professor agia, e conseguiram puxar o barbante e alcançar a recompensa na primeira oportunidade. Em suma, essa experiência mostrou que os abelhões conseguiram aprender uma habilidade totalmente antinatural e foram capazes de transmitir a lógica de funcionamento aos outros insetos.

O sábio cavalo Hans e a abelha ainda mais sábia

No início do século XX, o cavalo alemão Hans ficou mundialmente conhecido. Dizia-se que ele sabia não apenas contar, mas também calcular. O cavalo sabia somar, diminuir, multiplicar e dividir. Ele respondia aos cálculos batendo com a pata da frente, e seu dono, o professor de Matemática Wilhelm von Osten, estava convencido de que o equino era tão inteligente quanto ele mesmo. Com o passar do tempo, ficou claro que Hans não sabia contar, muito menos fazer contas.

No entanto, o cavalo era um verdadeiro fenômeno para ler os mínimos sinais corporais e faciais de quem o desafiava. Quem desafiasse o cavalo também precisava contar para saber a resposta certa, e qualquer mínimo sinal, por mais inconsciente que fosse, era o bastante para alertar o cavalo. Nem mesmo o psicólogo que desmascarou a farsa de Hans conseguia controlar esses sinais.

As abelhas, ao contrário, sabem contar de verdade, segundo as pesquisas mais recentes. Não em grandes quantidades, tampouco dominam as quatro operações melhor do que fazia Hans. Mas mesmo assim é um feito e tanto quando se tem o cérebro do tamanho de uma semente de gergelim. As abelhas foram colocadas num túnel e treinadas a esperar uma recompensa depois de passarem por certo número de pontos de referência, a despeito da distância que tivessem que percorrer. O experimento demonstrou que as abelhas conseguiam contar até quatro e, tão logo aprendiam isso, continuavam contando mesmo que os pontos de referência fossem outros.

As abelhas não são apenas boas em matemática, apesar de serem tão pequenas. São ótimas também em idiomas.

Um enxame de bailarinas

Mais ou menos na mesma época em que viveram Osten e seu cavalo nem tão esperto assim, vivia na Áustria um futuro ganhador do prêmio Nobel. Karl von Frisch amava animais desde a infância e deve ter tido uma mãe muito tolerante, que acatou de bom grado sua vasta coleção de bichinhos de estimação. Ao longo da infância, ele registrou 129 animais diferentes em seu diário, incluindo 16 pássaros, 20 variedades de lagartos, cobras e rãs e 27 peixes de espécies distintas. Mais tarde, como zoólogo, seu interesse foi direcionado especialmente para os peixes e para a maneira como enxergam as cores. Quase por acaso, uma vez que seus objetos de estudo aquáticos tendiam simplesmente a morrer a caminho das conferências onde iria demonstrar suas experiências, ele começou a estudar as abelhas.

Karl von Frisch fez duas grandes descobertas: provou que as abelhas podem perceber as cores e, por meio de uma sofisticada dança, dizem umas às outras onde se encontra a comida. E por isso mesmo ele ganhou um prêmio Nobel em 1973. Karl von Frisch sabia que quando uma abelha encontra uma boa fonte de néctar, retorna para casa e conta às amigas onde estão as flores. Ela faz uma dança em formato de oito, mexe a cintura numa espécie de rebolado e vibra as asas dançando em linha reta. A velocidade da dança revela a distância até as flores, a direção, traçando-se uma linha perpendicular a esta, indica onde estão as flores em relação à posição do Sol.

Hoje, a linguagem da dança das abelhas é um dos exemplos mais estudados e mais bem mapeados de comunicação do reino animal. Porém, a história poderia ter sido diferente, pois a Alemanha de Hitler esteve perto de interromper essa pesquisa antes mesmo de ela começar. Karl von Frisch trabalhava na Universidade de Munique, invadida pelos simpatizantes de Hitler na Alemanha da década de 1930, em busca de acadêmicos judeus. Quando se descobriu que a avó materna de von Frisch era judia, ele foi demitido e só foi salvo pelo acaso: um minúsculo parasita, que causou uma doença que devastou as colmeias. Os apicultores e colegas acadêmicos conseguiram convencer as lideranças nazistas de que as pesquisas que von Frisch conduzia eram absolutamente necessárias para salvar a apicultura alemã. O país estava em guerra e qualquer esforço para produzir comida era essencial. Um colapso de colmeias melíferas não podia ser tolerado. Foi assim que von Frisch pôde continuar seus estudos.

Tem algo familiar nesse rosto

Durante muito tempo achamos que apenas animais superiores eram capazes de distinguir indivíduos diferentes, uma característica fundamental para desenvolver relacionamentos pessoais. Assim foi até que um pesquisador curioso, inspirado em pinturas de aeromodelos, começou a pintar o rosto de vespas. A espécie em questão é a *Polistes fuscatus*, da família das vespas de papel, assim chamadas porque constroem ninhos à base de fibra de madeira mastigada, constituídos de pequenas células onde ficam suas larvas. As células ficam presas a um tronco, como um guarda-chuva invertido. Ao contrário das vespas de ferrão comuns, que também fazem ninhos de polpa de madeira, estas não fazem uma camada de proteção em torno das células onde estão as larvas.

Essas vespas vivem numa sociedade estritamente hierárquica, na qual é muito importante saber quem dá as cartas. Talvez por isso seja fundamental saber quem é quem apenas olhando para o focinho. Uma vespa, cujo desenho do rosto tenha sido modificado pela tinta, é recebida com agressividade quando retorna ao ninho. Seus vizinhos deixam de reconhecê-la e ficam irritados. Como controle do experimento, os pesquisadores também pintaram algumas vespas sem alterar seus traços pessoais. Estas não eram recebidas com hostilidade quando retornavam ao ninho.

Igualmente fascinante é que, depois de algumas horas de bate-boca e empurra-empurra, os vizinhos de ninho acabavam se acostumando ao novo visual da vespa pintada. A agressividade desaparecia e tudo voltava ao normal. As outras vespas tinham aprendido que aquela ali era mesmo a dona Vespasiana da casa vizinha, apenas com uma maquiagem diferente. Isso indica que as vespas realmente têm a capacidade de reconhecer e distinguir os indivíduos de sua comunidade.

As abelhas dão um passo além: conseguem distinguir rostos humanos em retratos. Além disso, lembram-se do rosto que aprenderam a reconhecer, pelo menos durante dois dias. Não se pode dizer que as abelhas mantenham alguma relação com aquilo que estão vendo. Talvez elas achem que aqueles retratos não passam de flores esquisitas, sendo as áreas em torno dos olhos e da boca uma espécie de pétalas.

Essa experiência abre um novo e estimulante campo de pesquisa, que nos força a refletir como o reconhecimento facial realmente se dá — afinal, estamos falando de um animal cujo cérebro é menor que a letra "o" deste livro, e mesmo assim é capaz de prodígios semelhantes aos nossos, com nosso cérebro do tamanho de uma couve-flor. Compreender melhor esses processos pode ajudar pessoas acometidas de cegueira facial (prosopagnosia), isto é, que não conseguem distinguir rostos.

Talvez esse conhecimento também possa ser empregado na segurança, por exemplo, de aeroportos, em vez de instalar gaiolas de vidro com abelhas zumbindo no controle de passaportes (embora fosse algo bem divertido!), mas de forma a que possamos transferir os princípios do reconhecimento de padrões faciais de abelhas para uma lógica passível de ser informatizada. Uma possibilidade é que essa descoberta possa aprimorar e automatizar a detecção de rostos por meio de câmeras de vigilância — para encontrar criminosos procurados pela Justiça, por exemplo, em locais de trânsito intenso de pessoas.

CAPÍTULO 2

SEXO ENTRE SEIS PATAS

Por que os insetos tiveram enorme sucesso como grupo de animais? Por que há tantas espécies deles e em tamanha quantidade? Em resumo, porque são pequenos, ágeis e sedutores.

A vida no planeta abrange dez categorias de tamanho — das bactérias microplasmáticas (bilionésimos de metro) até sequoias gigantes na Califórnia, que podem atingir mais de cem metros de altura. Os insetos estão em seis dessas categorias, bem na base da escala — das vespas-fadas-anãs-sem-asas, menores que a secção transversal de um fio de cabelo humano, até bichos-pau do tamanho do seu antebraço (p. 16). Isso significa que a maioria dos insetos são pequenos, precisam de um esconderijo de tamanho reduzido para se protegerem dos inimigos e dispõem de recursos desprezados por animais maiores.

Além disso, os insetos são incrivelmente ágeis — no sentido de serem flexíveis e adaptáveis. As asas permitem que se espalhem em longas distâncias em relação ao próprio tamanho, e dominado o espaço aéreo tridimensional eles têm acesso a fontes de alimento numa extensão de quilômetros. Como a maioria dos insetos passa a infância em forma corporal completamente diferente da adulta, eles podem se valer de hábitats e fontes de alimento completamente diferentes ao longo do ciclo vital, e os jovens não precisam concorrer com os adultos pela comida.

Por último, mas não menos importante, os insetos têm uma invejável capacidade de reprodução. Deve ter sido uma mosca na parede que sussurrou no ouvido de Deus quando Ele disse: "Sejam férteis e multipliquem-se! Encham e subjuguem a Terra!" (Gênesis 1:28, transcrito de https://www.bibliaon.com/versiculo/genesis_1_28/). Veja só: comece com duas moscas-das-frutas e lhes dê condições ideais ao longo de um ano. Serão então 25 gerações de moscas. Cada fêmea grávida põe cem ovos. Digamos que todos eclodam e cresçam até a fase adulta, sendo a metade de fêmeas, que se acasalam e põem, cada uma, mais cem ovos. Ao final do ano, você estará convivendo com a vigésima quinta geração dessa família — e só ela terá cerca de um tredecilhão de mosquinhas-das-frutas de doces olhos avermelhados. Um tredecilhão é o número um seguido de 42 zeros. Para tornar as coisas mais concretas, imagine-se embrulhando todas essas moscas num pacote bem apertadinho, no formato de uma bola, e então você terá um objeto cujo diâmetro será maior que a distância da Terra ao Sol! Não admira que os insetos tenham tantos inimigos, do contrário não sobraria espaço para nós no planeta.

Felizmente podemos dizer que a maioria dos insetos nunca verá a aurora de uma vida adulta. A maioria deles sucumbe à fome, é devorada por um predador ou morre de outra forma bem antes de se firmar e constituir família. É um jogo duríssimo. Com o tempo, uma variedade incrível de adaptações foi surgindo, sobretudo em se tratando de seleção de parceiros e reprodução. Veremos algumas dessas adaptações neste capítulo.

50 tons de bizarrices

Os sentidos dos insetos são importantes para encontrar um parceiro, e a competição é acirrada. E a luta não termina no momento em que "ele" encontra "ela". Ao contrário, é aí que começa, pois ante o dilema de transmitir seus genes da melhor maneira possível, cada sexo pode encontrar uma resposta diferente.

Por exemplo, não é incomum a fêmea acasalar com vários machos num curto intervalo de tempo. Isso não favorece o lado masculino, pois os espermatozoides irão enfrentar a concorrência. Muitos insetos são, portanto, equipados com um órgão sexual masculino que lembra bem um canivete suíço em miniatura, com todas os acessórios possíveis: raspadores, colheres e pás, nas suas variantes mais criativas. O propósito? Eliminar os espermatozoides concorrentes que encontrar pela frente.

Uma caixa de ferramentas portátil assim vem a calhar caso o macho anterior tiver usado um truque diferente, como entupir a abertura do canal sexual da fêmea, por exemplo. Ele tenta colocar nela uma espécie de cinto de castidade improvisado, para impedi-la de se acasalar novamente, mas o efeito é apenas parcial. O macho número dois usa seus raspadores, picaretas e ganchos para desobstruir o canal e depositar o seu material genético ali. Ou seja, nada de cortejo, carinho e preliminares. É pá-pum!

Outro truque utilizado pelos machos é preencher o órgão sexual da fêmea com o máximo de esperma possível, diminuindo o tempo que ela poderia estar disponível para outros. Ele tenta, portanto, prolongar o acasalamento ao máximo. Em algumas espécies, essa ideia é levada ao extremo: a cópula do percevejo esverdeado *Nezara viridula* pode durar dez dias. E não faz inveja ao bicho-pau indiano, uma espécie certamente adepta do sexo tântrico, cujos casais foram observados em cópulas de até 79 dias de duração!

Não é apenas a cópula que pode demorar, o macho também pode ficar de olho na fêmea depois do ato. Por acaso você já não reparou em libélulas pousadas ou voando coladinhas uma na outra? Às vezes elas ficam conectadas num formato que lembra um coração, mas aposto que não tem nada a ver com romantismo. O propósito dessa marcação homem a mulher, por assim dizer, é garantir que a fêmea não se acasale novamente até pôr os ovos devidamente fertilizados (pelo macho vigilante, espera-se) na devida planta aquática.

Diante de uma competição acirrada dessas, é sempre bom manter as ferramentas em ordem. E ninguém é mais zeloso com suas ferramentas do que a pequenina mosca-das-frutas *Drosophila bifurca*. Essa mosquinha, parente próxima daquela que nos irrita na cozinha, é a orgulhosa detentora do recorde do espermatozoide mais comprido do mundo, com quase 6 centímetros! Ou seja, o espermatozoide é 20 vezes maior que o próprio animal. Para efeito de comparação, seria como se os humanos produzissem espermatozoides do tamanho de uma quadra de futebol de salão! Como isso é possível?

A resposta é que o espermatozoide inteiro consiste de uma cauda finíssima amarrada a um novelo. As fotos ampliadas desse espermatozoide me fazem lembrar quando meus filhos resolvem cozinhar e põem pouca água na panela do macarrão. O resultado é uma maçaroca. E qual o motivo disso? Os espermatozoides compridos são a estratégia das moscas para uma corrida para chegar ao óvulo à maneira de Usain Bolt: os maiores têm mais chances de chegar primeiro.

E já que estamos falando de esquisitices, não podemos deixar de mencionar os percevejos-de-cama. Esses bichinhos rastejantes se alimentam de sangue e se escondem em rachaduras de paredes e camas de hotéis no mundo inteiro. Quando cai a noite, eles deixam seus esconderijos e lhe enfiam uma mangueira de sugar sangue enquanto você dorme. Sem dúvida não é uma lembrança que você queira trazer consigo da viagem de férias, mas o fato é que esses percevejos são uma praga crescente. Em parte porque estamos viajando o mundo em demasia, em parte porque eles já são imunes aos inseticidas utilizados para matá-los.

De qualquer forma, o ponto aqui é que em certas espécies de percevejos o macho se atira sobre qualquer coisa que lembre a possibilidade de uma transa. Ele nem se preocupa em encontrar a abertura sexual da fêmea, apenas perfura os genitais em seu abdome e deixa que os espermatozoides encontrem seu caminho sozinhos até os óvulos. Na maioria das vezes, isso deixa a fêmea incapacitada para copular com outros machos. É assim que o macho tenta ter certeza de que será realmente o pai de todos os seus filhos. Em troca, a fêmea desenvolveu uma área reforçada no abdome, onde o macho geralmente a perfura, reduzindo os danos a que é submetida.

Isso ilustra um ponto importante: a batalha entre os sexos tem duas partes em conflito e, à luz da evolução, ambos os gêneros lutam pelo que os beneficia.

A dança das senhoras

Talvez os primeiros entomologistas, quase exclusivamente homens, tivessem uma tendência a considerar tudo isso sob o ponto de vista masculino. De qualquer forma, é fato que a pesquisa atual nos traz mais exemplos de como as fêmeas também trabalham para promover seus próprios interesses.

Algumas simplesmente devoram o macho quando a cópula termina. Isso é mais comum entre as aranhas, parentes próximos dos insetos. Na aranha-pescadora americana, por exemplo, o macho morre durante o ato, isso porque seus órgãos sexuais explodem quando o esperma é secretado (ou, como é descrito no seco jargão científico: "Observamos que a cópula resultou na mutilação genital do macho e no seu consequente óbito"). E aí ele é comido — em prol dos filhotes. Mesmo que a sua pretendida seja uma criatura imensa, cujo corpanzil pesa 14 vezes mais que ele, o pequeno e frágil macho ainda é útil como suplemento de proteína. Um pouco de proteína sempre vem a calhar quando se põem centenas de ovos de aranha.

Os louva-a-deus também são famosos pelo canibalismo sexual. Estudos de campo, no entanto, mostraram que na natureza o macho raramente se torna o jantar pós-acasalamento, algo que frequentemente ocorre em condições artificiais em laboratório.

Mesmo assim, mamãe inseto tem mais truques na cartola. Acontece que ela pode controlar em segredo quais machos serão os pais de seus filhos. Aqui estão em jogo vários mecanismos — o caminho até o óvulo está longe de ser um mergulho tranquilo em águas plácidas, lembra mais uma corrida de obstáculos. Como é comum que os espermatozoides sejam armazenados numa espermateca (banco de esperma) interna na fêmea, e a fertilização real de seus óvulos ocorra somente num momento posterior, a fêmea pode influenciar de várias maneiras o espermatozoide que irá armazenar e usar.

Um pesquisador realizou uma experiência engenhosa, embora cruel, que demonstra isso. Ele dividiu um monte de carunchos em dois grupos. Metade dos machos ficou sem comida e passou fome para resultar em indivíduos fracos, de má qualidade genética. Metade das fêmeas simplesmente foi sacrificada, a fim de não influenciar o resultado. Quando o pesquisador reuniu os carunchos, tanto os machos famintos quanto os bem alimentados copularam de bom grado com fêmeas vivas e recém-mortas, em igual número. E agora vem a parte engenhosa: na espermateca das fêmeas mortas, os pesquisadores encontraram tanto espermatozoides dos machos famintos como dos machos bem alimentados. Nas fêmeas vivas, entretanto, havia muito mais espermatozoides dos machos bem alimentados, de melhor qualidade genética, o que sugere que a fêmea age ativamente para controlar o processo, de modo a garantir que machos mais aptos sejam os pais de seus filhos.

Uma vida sem homens?

Há muitas maneiras de abordar o enigma da descendência: os filhos sempre saem aos pais? Entre os insetos, encontramos os mais variados exemplos. A reprodução sexuada, ou seja, em que são necessários um macho e uma fêmea, é a mais comum também entre os insetos. Mas muitos deles podem preferir viver uma vida feliz como celibatários e mesmo assim transmitir seus genes adiante.

A partenogênese (reprodução de um óvulo não fecundado) ocorre com frequência numa série de insetos. Fêmeas de pulgões, por exemplo, podem dessa forma garantir uma explosão populacional nas roseiras do seu jardim durante a primavera. Elas não têm tempo para botar ovos e esperar o verão chegar, simplesmente dão à luz pequenos pulgões vivos, de óvulos que se transformaram em novos indivíduos sem serem fertilizados. E não para por aí: em algumas espécies, a fêmea do pulgão pode ser como aquelas bonequinhas *matrioskas* russas. Ela pode carregar na barriga fêmeas pequenas já grávidas de novos filhotes!

Não admira que as roseiras sejam sinônimo da vida que se renova na primavera. Talvez não seja adequado chamar isso de vida de solteiro, apesar da ausência de machos. Com essa taxa de natalidade, não tardará muito para o mesmo arbusto ficar superlotado. Até aqui, as fêmeas não podiam voar, mas agora é hora de expulsar algumas delas, que ganham um par de asas e podem migrar para a roseira mais próxima e continuar sua reprodução em massa por lá.

À medida que os dias se tornam mais curtos e o outono se aproxima, mais uma mudança acontece: as fêmeas de pulgão começam a produzir machos também. Eles se acasalam com as fêmeas, que desta vez põem ovos, e apenas assim os pulgões podem sobreviver ao inverno. Ela deposita os ovos numa planta perene, resistente ao inverno extremo. Quando vem a primavera, os ovos eclodem e dão à luz fêmeas virgens, que darão à luz fêmeas e assim por diante...

Então, por que machos são realmente necessários se as senhoras pulgões podem dar à luz um infindável clã de filhos, netos, bisnetos e assim por diante, numa única estação, superando o número de humanos que existem no planeta? Não é muito mais produtivo permitir a todos os indivíduos produzir descendentes, em vez de apenas metade? (Sem mencionar o tempo que economizaríamos com cinema, jantares etc.)

A resposta do porquê de a maioria dos animais e plantas existir na forma de dois sexos ocupa biólogos há muito tempo, e o debate ainda está em andamento. Uma desvantagem da partenogênese é que todos os indivíduos se tornam geneticamente idênticos. Neste caso, há pouca margem de manobra caso as condições ambientais se alterem. Assim, a reprodução por meio do sexo, no qual o material genético de dois indivíduos é misturado, é boa e necessária para promover a variedade genética e eliminar mutações prejudiciais. Outra vantagem de ter dois gêneros atuantes é que eles podem se concentrar em estratégias diferentes: um pode possuir poucas, porém grandes, células sexuais cheias de nutrientes, isto é, óvulos, enquanto o outro gênero fica com células sexuais pequenas, móveis e em profusão, ou seja, espermatozoides.

Viva a rainha!

Não são apenas os pulgões que vivem em sociedades completamente dominadas por mulheres. Com grande probabilidade, toda formiga, marimbondo e abelha que você já viu na vida foi uma fêmea. Pouquíssimas são as exceções.

Você se lembra do filme *Bee Movie: a História de uma Abelha* (2007)? Sobre Barry, o macho que está cansado da vida de operário na colmeia? Do ponto de vista biológico, está tudo errado. A propósito, em *Henrique V*, Shakespeare descreve como os muitos habitantes de uma colmeia têm seus passos vigiados por um soberano. Tudo errado. Não são as abelhas masculinas que fazem o trabalho nas colmeias. Nem tampouco são governadas por um rei do sexo masculino.

São as fêmeas que mandam e pegam no pesado no mundo das abelhas. Todas as operárias são fêmeas, vassalas de uma rainha. Os machos, zangões, vivem uma vida curta durante o outono e têm um só papel a cumprir: acasalar-se com uma nova rainha. A abelha macho nem mesmo coleta comida sozinha, mas é alimentada pelas fêmeas.

Agora talvez possamos fazer vista grossa a Shakespeare, à Dreamworks e a outros que cometeram deslizes assim, pois se trata de um erro comum e atemporal. Os antigos gregos tentaram desvendar os mistérios das abelhas, mas não conseguiram descobrir muita coisa. Eles sabiam que as abelhas comuns tinham um ferrão, mas não acreditavam que logo uma mulher pudesse estar equipada com uma arma tão eficiente, certo? E se as ferroadas fossem coisa das fêmeas, isso significaria obrigatoriamente que aqueles indivíduos bonachões e patuscos, que nem se davam ao trabalho de procurar néctar, eram homens, e isso não podia ser verdade, não é? Tsc, tsc, tsc...

Sendo assim, foi somente no final do século XVII, com a invenção do primeiro microscópio, que se pôde afirmar com certeza que as zelosas abelhas operárias e suas rainhas eram do sexo feminino, e que os preguiçosos zangões é que eram os machos.

Ainda haveriam de transcorrer mais duzentos anos para compreender com precisão como as abelhas nasciam, porque ninguém jamais havia visto uma praticando sexo. A teoria prevalecente na época era que os machos, isto é, os preguiçosos zangões, faziam tudo a certa distância, fertilizando sua rainha com o que se chamou de maneira muito criativa de "odor de esperma".

Foi só no final do século XVIII que se descobriu que a abelha-rainha voava para fora da colmeia e retornava do passeio com o órgão sexual masculino preso aos próprios genitais. Eram os restos do sortudo vencedor do enxame de zangões que tentaram copular com a rainha. A rainha costuma se acasalar também com vários outros. Ela guarda todos os espermatozoides (até 100 milhões deles) numa espermateca interna e faz uso deles de acordo com a necessidade, pelo resto dos seus dias.

Para o zangão, no entanto, copular é a última coisa que faz na vida. A inoculação dos espermatozoides é simplesmente explosiva — tão violenta que o órgão sexual descola-se e rasga o abdome do macho em pedaços, e ele morre pouco depois, ilustrando na prática o ditado popular: "Para cima é um sofrimento, para baixo todo santo ajuda".

É uma cópula tão violenta que até mesmo os jornais acham espaço para noticiá-la em suas colunas, como esta manchete do tabloide sensacionalista inglês *The Sun*: "Male bees testicles EXPLODE when they reach orgasm" (Testículos dos zangões EXPLODEM quando eles atingem o orgasmo).

Beyoncé tinha razão

Agora vamos nos transportar da rainha das abelhas para a rainha dos adolescentes de hoje, Queen B, a diva pop norte-americana Beyoncé Knowles. Alguns anos atrás, os insetos surfaram uma onda de propaganda positiva quando os jornais de todo o planeta trouxeram a notícia de que uma espécie nova de mutuca fora descoberta e batizada em homenagem à artista: *Scaptia beyonceae*.

A mutuca Beyoncé foi assim chamada por duas razões: fora descoberta no mesmo ano em que a artista nasceu, embora batizada muito tempo depois, e por ser dotada de um bumbum igualmente belíssimo. Os pelos dourados do abdome desse inseto inspiraram o cientista que lhe deu o nome, certamente pelos vestidos reluzentes e justíssimos da estrela pop. Espero ansioso por mais mulheres no ramo da entomologia, para ver insetos batizados segundo seus ombros largos, tórax musculoso ou abdome de tanquinho.

Fico pensando cá comigo se a própria artista ficou mesmo lisonjeada com a homenagem, se é que soube dela, uma vez que se trata de uma mutuca típica do sertão australiano. Embora a mutuca costume pousar em flores e contribua para a polinização, ela é, antes de tudo, conhecida pelo incômodo que causa a pessoas e animais domésticos. Sua ferroada é dolorida, deixa o rebanho estressado e pode transmitir doenças.

Seja como for, na mesma época em que recebeu a homenagem, Beyoncé cantava um *hit* que perguntava: "Who runs the world?" (*Quem manda no mundo?).* A resposta você deve se lembrar: *Girls*!

Não creio que ela se referisse a insetos nessa canção. Mas bem que poderia. Porque se contarmos o número de animais machos e fêmeas em todo o planeta, os insetos nos dão a certeza de que existem mais mulheres. Vamos ignorar as bactérias, hermafroditas e outros organismos sem sexo definido. Se considerarmos a proporção de fêmeas no restante do reino animal, pode-se dizer que em alguns grupos muito numerosos, como os insetos, há um claro predomínio de fêmeas. Todas as abelhas melíferas são fêmeas — 83 bilhões delas. Todas as formigas operárias são fêmeas, e existem incontáveis delas, sem que tenhamos uma unanimidade quanto aos números. A BBC afirma que é seguro presumir que as formigas são o tipo de inseto mais abundante no planeta. Entre outros insetos numerosíssimos, como os pulgões, também pode haver o predomínio de fêmeas durante certos períodos.

Poderia essa prevalência de fêmeas ser posta em xeque pelos animais marinhos? No mar, são os pequenos crustáceos, o correspondente marinho dos insetos que predominam — animais como os copépodes e outros tipos de crustáceos saltadores. A divisão sexual entre eles é equivalente, mas aqui também há evidências de um número superior de fêmeas. Mesmo considerando os galináceos e os bovinos animais abundantes no planeta, é comum haver menos touros e galos que fêmeas de ambas as espécies. Se bem que há exemplos de organismos com uma superpopulação de machos em relação a fêmeas, como é o caso dos platelmintos (vermes achatados) e tartarugas, mas haverá alguma vantagem nisso?

Tudo considerado, parece que Queen B tinha mesmo razão. Se contarmos o número de indivíduos, fatalmente chegaremos à conclusão de que são as mulheres que mandam no mundo, graças aos insetos e à extrema dominância feminina nas espécies mais bem-sucedidas do planeta.

Pai não tenho, mas tenho avô

Como é possível que insetos sociais, como abelhas, formigas e muitas vespas, vivam em comunidades com tamanha desigualdade de gênero? Parte do segredo está em como o sexo da prole é determinado nesses insetos. Entre humanos e em muitos insetos, são os cromossomos sexuais que determinam tudo, mas os insetos desse tipo não possuem cromossomos sexuais.

O que determina o sexo é se o ovo é ou não fertilizado, e isso cabe à rainha decidir. Apenas ela tem a capacidade de pôr ovos. Se decidir fertilizar os ovos com os espermatozoides guardados, dará à luz uma fêmea, operária ou rainha, a depender da alimentação recebida como larva. Caso se trate de um ovo não fertilizado, o resultado será um macho.

Esse sistema resulta em alguns caprichos hereditários, especialmente se a rainha se acasalou apenas uma vez na vida. Nesse caso, as filhas da rainha serão mais próximas geneticamente das irmãs do que de seus eventuais filhos. Isto porque, resumindo, o esperma de cada papai abelha contém exatamente o mesmo material genético, de maneira que todas as suas filhas (ele não consegue ter filhos — lembre-se, eles só se desenvolvem a partir de óvulos não fertilizados) acabam herdando genes idênticos.

Tudo isso significa que é melhor que essas filhas se abstenham de ter filhos e, em vez disso, ajudem a criar mais irmãs, inclusive rainhas — justamente porque dessa maneira elas transmitem seu material genético mais rápido. Por muito tempo, acreditava-se que essa era uma boa maneira de explicar as peculiaridades da natureza social dos insetos. Mas agora sabemos que a abelha-rainha melífera se acasala com vários zangões. E nos cupins, esses também insetos sociais, o sexo não é determinado pela fertilização ou não do ovo, portanto a explicação não se sustenta. Outros mecanismos que podem explicar o fenômeno são objeto de acaloradas discussões acadêmicas.

Seja como for, esse sistema extravagante significa que haverá enormes desafios pela frente para uma abelha que queira decifrar sua árvore genealógica. Ela não tem pai, pois nasceu de um óvulo não fertilizado. Mas tem um avô, mais especificamente um avô materno.

Pesquisas genealógicas com humanos, sejam eles filhos meus, seus, sejam nossos em comum, são uma bagatela em comparação a isso.

Educando à maneira dos insetos

A mamãe inseto costuma achar que seu trabalho está terminado depois de pôr os ovos. Mas há exceções. Alguns insetos são muito cuidadosos e fazem coisas parecidas, como dar mamadeira e trocar fraldas. E os exemplos de creches de insetos que temos não são apenas curiosidades para animar rodas de conversa numa festinha. Estudando estratégias de espécies aparentadas, que cuidam ou não dos seus filhotes recém-nascidos, ou manipulando espécies e observando as consequências para a sobrevivência da prole, os biólogos aprendem muito sobre ecologia e evolução.

Um exemplo é uma barata (*Diploptera punctata*) que dá à luz filhotes vivos, significando que os ovos eclodem ainda no abdome e ela precisa alimentar as ninfas para que cresçam fortes e saudáveis. Baratas não têm útero quente e confortável, onde o feto pode ser alimentado através de cordão umbilical. Em vez disso, a mãe tem glândulas especiais dentro do abdome que secretam proteína líquida do leite. O conteúdo nutricional desse "leite" é uma espécie de ração de guerra — uma mistura ideal de proteínas, carboidratos e gorduras. Alguns estudiosos sustentam que pode ser um novo superalimento, inclusive para nós, humanos. Mas como deve ser muito demorado ordenhar baratas, deveríamos talvez nos dedicar à produção artificial desse leite.

Outro exemplo de inseto impopular, a mosca-dos-chifres, tem um ciclo de vida parecido. Essa mosca é um parasita que suga o sangue de cervos e costuma ocorrer em maior número na época em que brotam os cogumelos no continente europeu, quando se deslocam em enxames e, embora raramente ferroem pessoas, incomodam muito zumbindo ao redor do ouvido e entranhando-se em nossos cabelos. Para os alces, entretanto, são uma verdadeira praga. Em 2007, o Instituto Veterinário da Noruega examinou um alce infestado com 10 mil moscas agarradas à pele.

Nas moscas-dos-chifres, os ovos também eclodem no abdome das fêmeas, e as larvas são "amamentadas" por glândulas internas especiais, enquanto a mãe pousa confortavelmente no pelo do alce. O filhote "nasce" na forma de pupa e cai no chão, duro e escurecido como um feijão-preto, onde ficará até eclodir no outono seguinte, reiniciando o ciclo de vida da espécie.

Vários outros insetos alimentam e cuidam dos seus descendentes. Já vimos os insetos sociais, em que toda a comunidade é envolvida na criação e alimentação dos filhotes. E isso vale também para a mãe, que não fica desocupada. A rainha de um cupinzeiro põe um ovo a cada três segundos, durante toda a vida. Para ela, não faz sentido fazer planos para "quando as crianças crescerem", pois esse tempo nunca chegará.

Tesourinhas (dermápteros), aqueles insetos amarronzados com uma espécie de tesoura na extremidade do corpo, também são mães extremamente devotadas. Não são exatamente de trocar fraldas, mas montam guarda sobre os ovos, limpando esporos de fungos e lavando-os com uma substância que inibe o bolor. Quando os filhotes eclodem, ela traz comida e alimenta as ninfas recém-nascidas. Um experimento mostrou que o cuidado das tesourinhas multiplica de 4% para 77% a quantidade de ovos que eclodem. Os coleópteros do gênero *Nicrophorus* também são exemplos de pais devotados (p. 113).

Na Escandinávia, somos orgulhosos de estar à frente em questões de igualdade de gênero. Mas quando se trata de igualdade entre seres menores que nós, há outros países que estão na liderança — certamente porque não temos nas águas escandinavas nenhum representante dos besouros-d'água gigantes (*Belostomatidae*). Nessa subfamília, temos um raro exemplo de pai que cumpre inteiramente sua licença-paternidade, assistindo um montão de bebês, isto é, ao lado de várias mães diferentes. Após o acasalamento, as fêmeas põem seus ovos em fileiras nas costas do pai. Ele se encarregará dos ovos, flutuando sobre a superfície da água e cuidando para que não fiquem secos ou molhados demais. E a mãe? Ela faz como Nora, personagem de *A Casa de Bonecas*, de Henrik Ibsen: abandona o lar.

CAPÍTULO 3

COMER OU SER COMIDO — INSETOS NA CADEIA ALIMENTAR

A receita para uma vida de inseto bem-sucedida é muito simples: ficar vivo quanto puder para se reproduzir. E, para manter-se vivo, é preciso comer. A vida dos insetos tem tudo a ver com comer e evitar ser comido.

Muitos insetos comem uns aos outros e encontram mil e uma maneiras de fazer isso. Pode ser comendo de fora para dentro ou de dentro para fora. Pode ser comendo ovos, larvas ou indivíduos adultos. Pode ser usando mandíbulas, esponjas ou canudos. Ou pode ser simplesmente jejuando — um grande número de insetos come apenas quando são larvas e não se alimentam quando adultos.

Uma vez que o desejável é estar do lado mais forte da equação comer ou ser comido, os insetos chegam a extremos para evitar serem comidos por outros. Eles podem viver escondidos ou camuflados, ou fingir que são outra coisa, de preferência não comestível ou venenosa. Podem também apostar na sobrevivência desaparecendo no meio da multidão ou cooperando com outros de maneira muito sofisticada. As estratégias que os insetos usam para se alimentar, sem servir de alimento, são exemplos de adaptações de cair o queixo, ainda que muitas delas sejam extremamente brutais.

A incredulidade de Darwin

Muitos insetos pertencem à categoria que chamamos parasitoides, isto é, parasitas que por fim matam seu hospedeiro. Muitas vezes o hospedeiro é consumido por dentro — a larva do parasitoide eclode do ovo nas entranhas do animal — de outro inseto, por exemplo — e devora lentamente suas entranhas. É um processo muito bem urdido. A larva poupa os órgãos vitais do hospedeiro e os deixa para comer por último — como que guardando o melhor para o final! Em geral, o hospedeiro acaba morrendo quando a larva do parasitoide está pronta para a vida adulta.

Teólogos e naturalistas do século XIX arrancaram os cabelos quando descobriram isso. Não era coisa que calhasse na criação de um Deus bom e generoso. Até Darwin lutou contra essa ideia e escreveu para seu colega norte-americano Asa Gray, em 1860: "Não posso me convencer de que um Deus bom e onipotente teria criado as vespas parasitas com o propósito muito claro de devorar as entranhas de lagartas vivas".

Mal sabia ele... Há coisas muito piores que essas vespas.

Zumbis e devoradores de almas

A bela *Dinocampus coccinellae*, de sedutores olhos verdes, pertence à categoria das vespas parasitas. A vespa fêmea enfia seu ovipositor (duto por onde põe os ovos) numa joaninha e nela deposita seu ovo. O ovo choca e ao longo dos vinte dias seguintes a larva da vespa sai mastigando a maioria dos órgãos internos da joaninha. Em seguida, sem ser percebida, escapa e se esconde na extremidade do abdome da joaninha, que ainda está viva. A larva da vespa tece então um pequeno novelo entre as pernas da sua infeliz hospedeira, onde ocorrerá sua transformação em pupa.

E aí acontece algo extraordinário: a joaninha subitamente muda de comportamento. Para de se mover e fica em estado de lassidão, preguiçosa, tornando-se uma espécie de abrigo inanimado para a futura vespa. Somente quando um inimigo se aproxima é que a joaninha se move, escapando ou assustando o inimigo e evitando assim qualquer tentativa de comerem o monstro que quase a devorou inteira.

Esse processo dura uma semana, até a vespa adulta eclodir do ovo, alçar voo e deixar a joaninha à própria sorte.

A grande questão é: como a vespa mãe controla o cérebro da joaninha para torná-la uma babá zumbi? Faz semanas que ela depositou seu ovo e se foi. A resposta é que a vespa não injeta apenas um ovo, mas também um vírus na joaninha. O vírus vai se proliferando no cérebro da joaninha no ritmo exato para deixá-la paralisada — justamente quando a larva está para sair. Por intermédio do vírus, a vespa assume o controle do cérebro da joaninha e a obriga a agir como babá, e também como papinha de bebê. A única informação agradável a dizer sobre isso é que, mesmo assim, há joaninhas que sobrevivem a esse martírio.

A mesma sorte não tem a barata vítima da vespa que engole a sua alma: *Ampulex dementor*. Você se lembra dos *dementadores* de "Harry Potter", monstros que voavam sugando a alma das pessoas? Essa vespa foi denominada assim por causa deles. Trata-se de uma das várias espécies do gênero de vespas parasitas de barata, que ocorrem até em regiões mais setentrionais da Europa. Quando ainda em estágio infantil, elas vivem nas entranhas de baratas.

O processo começa com a mãe procurando um lugar para inocular seus ovos. Primeiro, uma ferroada no abdome para atordoar a barata durante alguns minutos. Depois, uma cirurgia cerebral de alta complexidade, por isso a "paciente" precisa estar completamente imóvel. É a vez de dar uma ferroada na cabeça. Com precisão extrema, a vespa injeta uma dose de veneno em dois pontos específicos do cérebro da barata. O veneno bloqueia os sinais que controlam o processo motor — a barata ainda consegue se mover, mas não mais por iniciativa própria. Ela está à mercê do desejo da vespa.

E o desejo da vespa é levar a barata a um lugar onde possa depositar nela os próprios ovos. Mas como a barata é grande demais para a vespa carregar, é melhor privá-la de todo e qualquer livre-arbítrio que tivesse (mesmo sendo barata), mantendo sua capacidade de locomoção. Com isso, a vespa sugadora de almas pode simplesmente agarrar-se à antena da barata e conduzi-la aonde quiser — como um cão pela coleira — para a morte certa.

A barata torna-se uma presa dócil que se deixa levar para uma toca no chão, onde a vespa põe um ovo e gruda-o na perna da barata. Depois, a vespa fecha novamente a abertura da cova com seixos e desaparece. Sua pequena larva passará o próximo mês com comida farta. Primeiro, sugando os fluidos corporais da perna, depois perfurando um orifício e penetrando a barata, da qual devorará as entranhas até, finalmente, matá-la.

Argh! Talvez tenha sido melhor Darwin nem ter sabido disso. Não é fácil ver bondade numa conduta tão implacável. Mas até aqui a evolução nunca fez questão de ser motivada por sentimentos, como caridade e benevolência.

Caroneiros audaciosos

Alguns insetos vivem de devorar as crias alheias. Os audazes escaravelhos da família *Meloidae*, que secretam uma substância corrosiva quando se sentem ameaçados, comem larvas de besouros e mesmo assim pegam carona com os pais até a creche onde estão.

Num dia qualquer de maio eu aproveitava o sol primaveril, quando vi um besouro rechonchudo caminhando na mesa do jardim. Parecia que tinha pegado emprestado um sobretudo pequeno demais para ele. O abdome estava tão cheio de óvulos que se esparramava para além das asas. Era um desses escaravelhos. Também chamados de besouros de primavera, de maio ou de Páscoa, essas criaturas têm denominações à altura das adaptações que fazem para sobreviver.

A escaravelha gorducha traz consigo uma passageira clandestina muito estranha. Em breve, escavará um buraquinho no chão para depositar ali seus ovos, talvez até uns 40 mil. Os ovos eclodirão e darão à luz pequenas e agitadas larvinhas de seis patas. Elas se assemelham a piolhos ou moscas sem asas, mas são cheias de energia e não param quietas. As larvas de triungulina, como são chamadas, acabam se ajuntando em flores e esperam o dia da sorte grande chegar.

Para sobreviver, essas larvas precisam chegar ao ponto certo, e para tanto dependem de uma carona. Agarram-se ao primeiro inseto que pousa na flor na qual estão — mas é preciso pegar carona com a abelha certa, do contrário é fim de jogo. Por isso mesmo são necessários tantos ovos desde o início: somente para aqueles que se aventurarem como passageiros clandestinos no transporte certo o futuro está garantido.

As triungulinas do escaravelho *Meloidae* amontoam-se numa flor e formam uma figura que parece uma abelha. Além disso, exalam um odor que imita o de uma abelha melífera solitária. Logo aparece um macho para lhe fazer companhia. Enquanto ele tenta acasalar com uma figura que lhe parece ser uma abelha-rainha, ela desaparece e as larvas de triungulina montam em seu corpo. O zangão retoma o voo, desiludido, e com sorte encontrará uma abelha-rainha. É aqui que as larvas saltarão sobre ela, abandonando o navio que está naufragando e garantindo o bilhete para chegar aonde querem: o ninho da rainha.

As triungulinas agradecem pela carona e mudam novamente o formato corporal, assumindo a forma de larvas sem patas. Ficam quietinhas no ninho, surrupiando todo o néctar que conseguem. De sobremesa, podem até comer as larvas de abelhas que moram ali. Quando estão satisfeitas, transformam-se em pupas e esperam a primavera chegar. E o ciclo então recomeça.

Na Noruega, os escaravelhos da família *Meloidae* são chamados de "besouros-petróleo", pois expelem um líquido viscoso semelhante ao petróleo. Ele contém cantaridina, um dos venenos mais poderosos que conhecemos. Uma quantidade correspondente ao peso de um único grão de arroz é o bastante para matar um ser humano.

Por alguma razão, algumas pessoas (erroneamente) acharam que a cantaridina tinha poderes afrodisíacos. Besouros secos da espécie conhecida como mosca espanhola (*Lytta vesicatoria)*, encontrados no sul da Europa e no Oriente, foram usados para estimular o desejo sexual nos homens. Diz-se que Lívia, a astuciosa amante do imperador Augusto (conhecido pelo relato bíblico da Natividade), recorria a eles. Lívia teria polvilhado moscas espanholas na comida dos seus convidados — na esperança de que perdessem o comedimento e o autocontrole e fizessem coisas que mais tarde poderia usar contra eles.

Na verdade, a substância desses insetos, se ingerida, causa pústulas dolorosas em contato com a pele e inchaço no trato urinário. Além disso, a quantidade entre uma irritação e o efeito letal é mínima. Não é coisa com que se brinque.

Esses besouros se adaptaram para emergir na mesma época do voo solitário das abelhas que irão parasitar, por isso só podem ser vistos no início da primavera. A melhor coisa a fazer, caso você tenha a sorte de avistá-los alguma vez, é deixá-los viver sua estranha vida em paz.

Insetos que gritam por comida

Não sou muito de cozinhar aos domingos. Costumamos sair para fazer trilhas na mata, e ninguém chega em casa com disposição suficiente para cozinhar. Nem mesmo sabemos direito o que preparar — não conseguimos pensar em nada disso quando estamos no supermercado fazendo compras numa sexta-feira, depois de uma semana intensa.

Como seria bom ser um gafanhoto numa hora dessas! Mais precisamente um *Chlorobalius leucoviridis*, um gafanhoto australiano grande e esverdeado. Ele teria resolvido isso facilmente — e cuidado para que a comida fosse entregue na porta de casa. Fresquinha. Tão fresca que ele mesmo vem entregar.

Esses gafanhotos só precisam gritar e a comida vem correndo, direto para a mesa de refeição deles, bem na hora que bate aquela fome. E o que eles gritam? Ora, bolas... Digamos que não é nada que faça frente a um Romeu qualquer fazendo sua serenata debaixo de uma varanda. Os gafanhotos aprenderam a imitar o canto de acasalamento de uma espécie completamente diferente, uma cigarra bem bonitinha. Eis que então logo aparece o senhor cigarra todo pimpão, aproximando-se da fonte do ruído, mas, em vez de uma cigarra apaixonada, ele encontra pela frente um inimigo faminto e muito maior que ele. O almoço acabou de ser servido.

Na linguagem acadêmica, isso é chamado de "imitação agressiva" — isto é, um predador ou parasita imita o sinal emitido por outra espécie com o propósito de atrair o receptor daquele sinal. Existem vários exemplos parecidos. O vaga-lume *Photuris versicolor* pode, por exemplo, imitar onze espécies aparentadas fingindo ser uma fêmea pronta para se acasalar. Dessa forma, ele pode pousar e piscar tranquilamente, como uma luzinha de árvore de Natal, e apenas esperar a comida dar o ar da graça.

Mais estranho ainda é o sistema de entrega em domicílio das aranhas-boleadeiras (*Mastophorini*). Essas pequenas aranhas tecem um novelo com uma cordinha pegajosa na ponta, que giram pelo ar até atingir uma mariposa que esteja passando por perto. A mariposa é então recolhida, como um peixe num anzol, e embalada num casulo de teia para ser devorada sossegadamente ao longo da noite. A arma da aranha lembra a boleadeira, aquele instrumento que consiste de duas bolas pesadas presas por uma corda, que os campeiros gaúchos utilizam na lida com o gado.

Mas uma coisa é ser um gaúcho a cavalo atirando boleadeiras na direção da rês em fuga, outra bem diferente é ser uma aranha imóvel na teia. Qual é a chance de uma mariposa passar ao largo enquanto você gira uma boleadeira nas mãos? Quase zero. Por isso, a aranha descobriu um jeito de atraí-la. Ela usa o cheiro. A aranha-boleadeira aprendeu a imitar os complexos sinais odoríferos das fêmeas de certas espécies de mariposa. O senhor mariposo sente o perfume de amor no ar e vem voando cada vez mais próximo da fragrância da *femme fatale,* até terminar grudado na armadilha da aranha.

Moscas assassinas também têm seu dia

Existe um dia para tudo. Temos o Dia Mundial das Aves Migratórias, Dia Mundial da Alegria, Dia Mundial contra o Trabalho Infantil, Dia do Waffle, Dia do Zíper. Por acaso você sabia que todos os anos, no último dia de abril, celebramos o Dia Mundial da Mosca Assassina? A idealizadora do #worldrobberflyday, Erica McAlister, é a responsável pela ala de insetos do Museu de História Natural de Londres. Ela acredita que deveríamos comemorar a existência dos insetos muito mais do que fazemos. E por que não começar com as moscas assassinas?

Essas moscas (da família *Asilidae*) são predadores ferocíssimos. Essa família tem espécies de até seis centímetros de comprimento, algo gigantesco em se tratando de moscas. São escuras e muitas vezes esbeltas, com pernas pesadas, olhos imensos e um bigode espesso no lábio superior. Demonstram controle total do espaço aéreo, podem mudar de direção pairando no ar e sabem esperar a hora certa de dar o bote na presa que vem voando inocentemente.

Num piscar de olhos, a vítima se vê presa no meio de seis pernas cabeludas e fortes. Sem precisar aterrissar, a mosca assassina estica seu probóscide (focinho) sobre a presa, que pode muito bem ser um inseto bem maior que ela — em alguns casos, pode até mesmo ser um beija-flor. A mosca assassina esguicha um coquetel de saliva, veneno líquido digestivo que rapidamente transforma as entranhas da vítima numa espécie de *smoothie* de inseto. Depois é só sugar, sugar e jogar o esqueleto oco no chão. Não é sem razão que esses insetos receberam esse nome.

As moscas assassinas são importantes porque controlam e mantêm baixo o nível populacional de outras espécies de insetos. Ao mesmo tempo são animais raros e esquivos, e pouco sabemos o que acontece durante seu estágio larval, o que dificulta sua preservação. Só na Noruega são 20 espécies conhecidas dessas moscas, mas pouco se sabe como vivem. Sem dúvida, precisamos de mais pesquisas e mais propaganda positiva em todas as mídias possíveis.

Swarmageddon

Imagine um exército de insetos de olhos vermelhos aproximando-se devagar, emergindo do chão. Cada inseto tem o tamanho do seu polegar, e eles surgem em quantidades que lembram um filme de terror classe B sobre o fim dos tempos. Estamos falando de uma densidade de cerca de três milhões de insetos, numa área correspondente a um campo de futebol. Só que não se trata de ficção científica barata, nem de profecias do Apocalipse. É apenas o *Swarmageddon* (de "swarm", enxame, e "armageddon", Dia do Juízo Final), o criativo apelido que recebeu o ciclo vital de 17 anos das cigarras na América do Norte.

Esses insetos sugadores de seiva vegetal passam 16 anos consecutivos abrindo mão da vida ao ar livre, escondidos em becos escuros e muquifos debaixo da terra, tranquilos, esperando pacientemente. De vez em quando bebem um coquetel de seiva de raízes por meio de um canudo fixo na boca. Então, no décimo sétimo ano, eles reúnem o bando inteiro para uma festa de arromba.

Multidões de indivíduos de um tom acastanhado brotam das profundezas, em silêncio e sem asas. A multidão silenciosa sobe nas árvores e realiza sua última troca de pele, marcando a transição das cigarras para a fase adulta e reprodutiva. E então, tchan! De dentro da velha casca surge um ser alado, em vestido de festa e pronto para arrebentar. O amor está no ar, o namoro está liberado e acabou-se o tédio. Se você passar 17 anos debaixo da terra, terá acumulado uma energia e tanto. Para nós, humanos, o canto da cigarra é um som intenso, de alta frequência e irritante. Multiplique então por milhões de cigarras macho cantando. Daí vai ser fácil entender por que há pessoas que sofrem danos auditivos ao passar muito tempo ao ar livre quando o baile das cigarras começa. O volume do ruído pode bater os 100 decibéis. Embora as cigarras que completam 17 anos com essa festa ensurdecedora não ferroem ou causem maiores danos, os norte-americanos se veem obrigados a cancelar eventos ao ar livre, como casamentos e batizados em jardins, porque se torna impossível falar ao ar livre tamanho é o ruído.

Em compensação, a balada das cigarras não dura muito. Depois de terem passado 17 anos e 99% da vida sob a terra, sua vida adulta não passa de três a quatro semanas. Depois do canto vem o acasalamento, depois do acasalamento, novos ovinhos de cigarras. Os ovos eclodem semanas depois, e as pequenas ninfas se arrastam pelo galho onde nasceram até caírem no chão, depois se enterram para esperar os próximos 17 anos na escuridão.

Bem antes de eclodirem os ovos, as ninfas, seus pais e mães já estarão mortos — já cumpriram seu papel. Tudo que resta a quem agora assistiu ao baile é arrumar vassouras e pás e limpar quilos e quilos de cascas de cigarras mortas dos jardins e esperar a próxima aparição delas, em mais 17 anos.

Na verdade, esse tipo de cigarra é o inseto mais longevo que se conhece, ao lado de sua prima, a cigarra cujo ciclo de vida é de 13 anos. Há várias espécies delas, cujas ninhadas podem emergir em períodos diferentes, em diferentes partes dos Estados Unidos. Não é de estranhar que esses insetos intrigantes tenham recebido o nome científico de *Magicicada*.

Conte até dezessete

Qual a moral dessa fantástica história das cigarras de 17 anos? E como é possível que os insetos saibam contar?

É provável que esse comportamento tenha evoluído porque reduz a chance de a cigarra ser comida. As cigarras são insetos grandes, ricos em proteínas e cobiçados por pássaros, mamíferos e lagartos. Inundar o mercado com essa oferta maciça de alimentos garante que uma boa parte das cigarras sobreviva para acasalar-se e pôr ovos. É a estratégia de sobreviver desaparecendo no meio da multidão. Uma vez que os intervalos de tempo são tão grandes, é pouco provável que haja um predador capaz de se adaptar a ele. E não é nenhuma coincidência que tanto 13 como 17 sejam números primos, isto é, números que só podem ser divididos por eles mesmos e por 1. Isso significa que um predador de ciclo de vida mais curto não "acompanhará" o *boom* das cigarras sincronizando seu ciclo de vida com o delas. Por ter um ciclo que corresponde a um número primo consideravelmente grande, a chance de a cigarra ser comida diminui. Não deixa de ser um truque impressionante, vindo de um inseto com uma capacidade de fazer contas igual à de uma porta.

Mas como as cigarras de 17 anos sabem que está na hora de parar de sugar a seiva das raízes e se preparar para a balada na superfície? O gatilho para essa aparição perfeitamente sincronizada é a temperatura do solo. Quando o solo a uma profundidade de 20 a 30 centímetros se mantém acima de 18 °C durante quatro dias pela 17ª vez, o despertador interno das cigarras dispara simultaneamente em todas elas. A ciência ainda não decifrou como ocorre a contagem até o ano 17. Uma espécie de relógio biológico no qual componentes químicos se alteram com o tempo talvez explique parcialmente o fenômeno. Pode ser que sinais exteriores da árvore também tenham seu papel, cabendo às cigarras "contar" as floradas e germinações. Ao manipular as árvores de modo que elas tenham duas germinações num só ano, os cientistas constataram que essas cigarras apareceram um ano mais cedo.

Existem cigarras canoras também na Europa, mas essas não são cíclicas. Muitas pessoas confundem as cigarras (que são besouros verdadeiros, da ordem hemíptera, junto com pulgões e percevejos) com grilos e demais insetos assemelhados a gafanhotos. Vários destes também produzem sons, mas de maneira diferente e em tempos diferentes. O zunido intenso que você costuma ouvir na mata durante os dias quentes no sul da Europa e também no Brasil é produzido por cigarras.

Também há na Noruega uma espécie de cigarra canora (*Cicadetta montana*); são, porém, pouquíssimos indivíduos e estão na lista de espécies ameaçadas de extinção, obrigadas que são a competir pelo espaço com veranistas e proprietários de cabanas nas matas adjacentes ao fiorde de Oslo.

Por acaso você já reparou em pequenos "montinhos de saliva" que se acumulam pelo gramado no verão? Em alguns lugares são chamados de "cuspe de cuco", mas não têm nada a ver com o pássaro. Dentro da espuma protetora há uma pequena ninfa da cigarra-de-espuma — uma prima distante das cigarras de 17 anos norte-americanas. As cigarras-de-espuma norueguesas, que não cantam, passam a vida inteira envoltas nessa espuma. A espuma é formada quando a ninfa dessa espécie sopra o ar numa espécie de gosma que secreta pelo reto, para protegê-la tanto de predadores quanto da desidratação.

Por que as zebras têm listras?

Podemos pôr a culpa ou dar o mérito aos insetos por muita coisa. Talvez até pelas listras das zebras. O mistério das listras vem dando dor de cabeça aos biólogos desde os tempos de Darwin. Por que justamente esses animais são listrados e outros da mesma espécie não são? Ao longo dos anos surgiu uma série de hipóteses, cada uma mais imaginativa que a outra. Seria uma espécie de camuflagem para as zebras, que ficam dispersas entre arbustos que projetam sombras? Talvez um padrão para confundir os predadores, que assim não conseguem identificar onde uma zebra começa e a outra termina? Quem sabe uma maneira de resfriar o corpo, pois o ar se aquece mais rápido no preto que no branco, e assim cria pequenos redemoinhos que refrigeram o corpo das zebras? Ou talvez uma espécie de crachá, daqueles que você recebe em congressos, com seu nome escrito em letras bem grandes, de modo que as zebras saibam quem é quem?

A discussão sobre as listras ainda não terminou, mas uma pesquisa recente rejeita as hipóteses anteriores e sugere uma quinta teoria: as listras repelem os insetos.

No hábitat das zebras vivem também vários insetos infecciosos: moscas tsé-tsé e vários tipos de mutucas e carrapatos transmissores de doenças a mamíferos. Se você for listrado, pode escapar delas com mais facilidade, pois os vetores dessas doenças não gostam de pousar sobre superfícies listradas. Por quê? Provavelmente porque as zebras confundem a orientação visual dos insetos, sobretudo quando estão em movimento. As listras criam uma ilusão de ótica, semelhante àquela que percebemos quando vemos uma hélice girando e enxergamos um movimento na direção oposta à rotação. A nova teoria diz que a evolução criou o padrão listrado nas zebras porque ele atrai menos insetos e aumenta as chances de sobrevivência.

Aliás, você já parou para pensar que cor as zebras têm sob as listras? A pele delas não é listrada. É preta. Em outras palavras, a zebra é preta com listras brancas, e não o contrário. Vai aqui uma nova dica para o próximo desafio de quem sabe mais da família.

Insetos como patrulheiros da ordem

Insetos servem de ração tanto para pássaros quanto para peixes e até para vários mamíferos. Ao mesmo tempo, sabemos que em larga escala eles comem uns aos outros, e isso é essencial para manter em níveis controlados aqueles insetos que consideramos pragas.

Sabemos que lavouras entremeadas por espécies nativas entre os canteiros servem de abrigo para inimigos naturais de insetos daninhos. Da mesma forma, uma floresta natural preservada terá vários insetos e parasitas predadores, que mantêm as pragas sob controle, ao contrário do que ocorre numa floresta de manejo. Predadores e parasitas controlam a quantidade de outros pequenos animais na floresta. Estudos suecos descobriram que numa mata natural, com várias árvores mortas, há mais inimigos do besouro na casca do abeto — uma espécie que pode causar grandes danos à madeira — do que numa mata plantada pela indústria madeireira, de manejo intensivo.

Também no nosso jardim os insetos são úteis como patrulheiros da ordem: as vespas, por exemplo. Uma colônia de vespas em crescimento precisa de muita comida. Diz-se que as vespas podem eliminar até um quilo de outros insetos de jardim a cada metro quadrado, embora a afirmação não possa ser comprovada.

Para as aranhas, ao contrário, temos estimativas de quanto todos os indivíduos do planeta podem consumir durante um ano. E não é nada desprezível: essas aparentadas dos insetos devoram entre 400 e 800 milhões de toneladas de carne por ano! É mais do que nós, humanos, conseguimos abater, mesmo somando o consumo de carne de peixe.

Dito de outra forma, as aranhas podem consumir todas as pessoas da Terra num único ano e ainda têm apetite para mais... Que bom que, em vez de nós, preferem se contentar com os insetos que habitam o planeta!

CAPÍTULO 4

INSETOS E PLANTAS — UMA CORRIDA ETERNA

Embora muitos insetos sejam predadores ou parasitas, a maioria consome alimentos vegetais — seja na forma de saladas, isto é, plantas vivas, ou na forma de composto (plantas mortas). Veja mais sobre isso no capítulo 6.

A dieta verde é bem balanceada — os insetos podem comer néctar, pólen, sementes ou a própria planta. Aqui também pode haver vantagens para a planta, na forma de polinização ou dispersão de sementes. Ao longo de 120 milhões de anos, insetos e plantas vêm evoluindo em conjunto. Em geral são espécies que dependem umas das outras, mas numa corrida sem fim na qual ambas procuram obter o máximo de vantagens para si. Essa relação de amor e ódio gerou as mais estranhas formas de coabitação.

Bebendo lágrimas de crocodilo

A vida de um inseto herbívoro não é moleza. O tecido vegetal é um alimento bastante pobre, com baixo conteúdo de substâncias essenciais, como nitrogênio e sódio. Isso tem várias consequências para os insetos herbívoros. Alguns deles têm fases larvais de longa duração, para que possam obter nutrientes suficientes. Outros se concentram nas partes mais ricas em nitrogênio das plantas, como as raízes (onde algumas plantas contam com bactérias hospedeiras que capturam nitrogênio para elas), ou flores e sementes. Muitos insetos, como as cochonilhas, que se alimentam sugando a seiva pobre em nitrogênio das plantas, precisam ingerir grandes quantidades dele para obter os nutrientes necessários. Isso implica em enorme excedente de água e açúcar, que excretam na forma de melada, para o deleite de outras espécies (p. 90).

O teor de sódio das plantas também é muito baixo. O sódio é essencial a todos os indivíduos, entre outras coisas para o bom funcionamento dos músculos e do sistema nervoso. Enquanto herbívoros superiores podem absorver sódio lambendo pedras salgadas deixadas num cocho de ração por um ser humano, os insetos precisam encontrar fontes de sódio natural. Por isso, é comum vermos borboletas pousadas ao redor de poças d'água sorvendo a lama rica em minerais como suplemento alimentar à sua dieta de néctar.

Mas se não houver poça d'água, que tal lágrimas de crocodilo? Biólogos ficaram encantados ao registrar, num rio da selva da Costa Rica, em 2013, lindas borboletas alaranjadas e uma abelha bebendo lágrimas dos olhos de um caimão, um primo dos jacarés e dos crocodilos. Ocorre que esse método de adquirir nutrientes essenciais à vida, isto é, bebendo lágrimas de crocodilo, é mais comum do que imaginamos — apenas é pouco observado. Beber lágrimas de crocodilo, sem dúvida, soa um pouco mais sensacionalista do que sorver nutrientes de poças lamacentas.

O desjejum mais importante da primavera

A polinização é uma estratégia de ganha-ganha que une insetos e plantas. Os insetos recebem comida na forma de néctar adocicado ou pólen rico em proteínas. As plantas conseguem que o pólen seja transportado de um lugar a outro, e assim podem germinar novas sementes. Embora algumas ainda contem com o vento para polinização cruzada, isto é, sejam autopolinizadoras, oito em cada dez plantas dependem da visita de insetos.

Algumas plantas também têm uma importância especial como "restaurante de insetos", porque oferecem néctar em um momento crítico. O salgueiro é um exemplo. Trata-se de uma árvore que leva uma vida anônima, seja nas florestas, seja nas paisagens urbanas, mas na primavera o salgueiro tem seus quinze minutos de fama. É quando o abelhão[1] sai do seu esconderijo subterrâneo, onde dormia feito a Bela Adormecida desde o outono do ano anterior. E ele sai morto de fome. Afinal, passou o inverno em jejum. E não há ninguém por perto para lhe preparar uma deliciosa refeição pela manhã. Ainda não. Todos os abelhões-operários encerraram o expediente quando o frio do outono chegou para valer. O mesmo fez a rainha dos abelhões, que agora precisa começar a procurar uma nova colmeia. Se conseguir, será a garantia de que tanto ela como nós, humanos, teremos comida na mesa. Pois abelhões, abelhas e outros insetos são, como sabemos, essenciais para a polinização das plantas que comemos (veja mais sobre isso no capítulo 5). Entretanto, Sua Alteza Abelhão precisa se alimentar já, e aqui o salgueiro figura na natureza como ponto de partida.

O salgueiro não dorme no ponto enquanto ainda há neve em seus galhos. Enquanto outras árvores e plantas mal começaram a pensar no que irão vestir no verão, o salgueiro já está inteiro coberto. Talvez nem tanto quanto deveria, pois as folhas ainda estão brotando. Mas o que importa aqui são as flores, as primeiras que despontam na primavera. Há árvores com flores masculinas e outras com flores femininas. As masculinas são branco-acinzentadas e acabam adquirindo um tom amarelo berrante após a polinização. As flores femininas são mais discretas, embora tenham uma quantidade maior de néctar.

E aqui está a sorte grande da rainha dos abelhões, um café da manhã reforçado; consiste de pólen rico em proteínas, com um suplemento extra de néctar açucarado. É pura energia em forma de alimento, e vem bem a calhar como desjejum depois de um longo inverno, se você tiver pela frente a tarefa de começar, do zero e sozinha, uma nova comunidade de polinizadores.

Uma cabana turística aberta o ano inteiro

Relacionamentos de casais podem ser complicados. O mesmo vale para as relações de polinização entre insetos e plantas. A polinização da *Trollius europaeus*, uma espécie florífera europeia, é um bom exemplo. Com sua flor amarela, quase fechada em forma de globo, ela

1 A autora se refere, nesse caso, aos abelhões (ou mamangabas), não às abelhas melíferas. (N .T.)

passa despercebida no meio das demais flores nas exuberantes florestas ao norte da Europa.

Apenas três ou quatro espécies de insetos, um deles uma mosca de mesmo nome, conseguem entrar na flor. Em compensação, eles recebem uma bela recompensa: a flor funciona como abrigo e restaurante self-service. E a despensa fica à disposição dos hóspedes!

O estoque de comida não inclui biscoitos e chocolates, mas a *Trollius* dá o melhor que tem: suas próprias sementes. Não sei se o conteúdo proteico delas corresponde a um bom café da manhã, mas deve dar para o gasto se você é uma mosca exausta e faminta. A bem da verdade, as moscas não apenas se servem das sementes, mas também põem seus ovos no repositório de sementes da flor, e ali mesmo as larvas eclodem e crescem. Na verdade, elas não conseguem crescer e se desenvolver em nenhum outro lugar.

Então, como a planta faz para que as moscas voem de flor em flor espalhando seu pólen? Tudo depende do equilíbrio caprichoso entre mosca e flor, pois essa planta só pode ser polinizada exatamente por essas moscas. Sem a visita delas, nada de plantinhas e nada de sementes. Daí fica claro por que a flor oferece às visitantes tudo que tem de melhor.

Ao mesmo tempo, é um equilíbrio muito delicado. Caso as larvas comam todas as sementes, no longo prazo não haverá mais flores nem abrigo e despensa — e com isso tampouco haverá mais moscas. Isso significa que as moscas só podem depositar seus ovos numa determinada quantidade de sementes. Como elas conseguem manejar isso ainda é uma questão em aberto. Mas o fato é que a coisa funciona.

Apenas para temperar a pizza? Nada disso!

O orégano é outro exemplo de relacionamento complexo entre plantas e insetos. Esta conhecida erva que costuma acompanhar pizzas e sanduíches está envolvida num jogo de intrigas maquiavélico, com direito a alianças com poderosos, disfarces e falsificações.

Imagine uma colina seca e ensolarada no norte da Itália, com um grande contingente de orégano, tomilho e manjerona. Um dos pés de orégano de repente sente algo lhe fazendo cócegas nas raízes. É que um bando de formigas *Myrmica* decidiu se aninhar justamente ali. De vez em quando, elas aproveitam e mordiscam algumas raízes enquanto trabalham. Isso não faz bem à planta, que responde aumentando sua produção de carvacrol, uma substância inseticida. A maioria das formigas não tolera o veneno, mas essa espécie em particular aprendeu a lidar com a substância e não arreda o pé das raízes. Nós, humanos, apreciamos muito esse mecanismo de defesa — é o carvacrol que dá ao orégano o aroma e sabor característicos.

Mas ele tem também outras funções. No canteiro de flores da colina italiana, a substância também funciona como uma espécie de alerta olfativo para atrair outra espécie. O destinatário é a majestosa *Phengaris arion*. De belíssimas asas azuladas, esta espécie de borboleta põe seus ovos na planta na qual as lagartas se desenvolvem durante algumas semanas, preparando um disfarce de fazer inveja a qualquer espião. Não se trata de perucas e bigodes postiços, pois a visão não tem tanta importância para as formigas, mas o cheiro, sim. Portanto, as lagartas se perfumam com um aroma de formiga que combina perfeitamente com aquele das formigas que vivem nas raízes da planta.

E aí temos o momento crítico: a lagarta desgarra-se da planta e cai no solo. Uma formiga passa por perto, na sua eterna rotina de procurar comida, e se deixa enganar pelo cheiro da lagarta, acreditando que ela é na verdade uma larva que escapou do formigueiro. Cuidadosamente, apanha a lagarta e a carrega para a escuridão do formigueiro, onde ela é adotada pela colônia de formigas. Embora sobressaia das formiguinhas tanto em tamanho como pela cor, ela é mimada e alimentada pelas formigas operárias com o mesmo cuidado que destinam aos demais bebês.

Para a lagarta, que precisa aumentar de tamanho centenas de vezes até se dar por satisfeita, um tantinho assim de seiva açucarada não basta. Assim que suas mães adotivas lhe dão as costas, a voraz lagartinha lança-se sobre as larvas de formiga abundantes ali no ninho. Além do cheiro, a lagarta também imita um som de cliques muito parecido com o que emite a formiga-rainha. Com isso, as operárias acham que a lagarta é uma formiga nobre e fazem vista grossa para o caos que se estabelece. Por isso nenhuma formiga intervém quando a lagarta devasta a maternidade do formigueiro.

Por fim, a lagarta terá devorado a colônia inteira. A paz volta a reinar nas raízes do orégano e a lagarta pode recolher-se ao seu casulo e se transformar em pupa. Sem ter sido criada e alimentada devidamente num formigueiro, a lagarta jamais poderia dar à luz novas gerações.

Na próxima vez que for comer sua pizza com orégano, pense no drama que está por trás das folhinhas dessa erva.

Sementes que enganam besouros

No exemplo do orégano, tanto a planta quanto a borboleta tiraram proveito da relação que estabelecem. Em outros casos, uma das partes aproveita para passar a perna na outra. É o caso da abelha ladra (*Bombus wurflenii*), que não se dá ao trabalho de percorrer todo o caminho até o néctar escondido no estame das flores de lupina (*Aconitum*). Em vez disso, toma um atalho: mastiga a copa das flores e vai direto ao ponto, sem fazer a parte que lhe cabe no processo, pois dessa forma não haverá polinização.

Outras vezes, é a planta que leva a melhor. A planta *Ceratocaryum argenteum*, parecida com um junco, cresce apenas na África do Sul. Numa jogada de mestre, suas sementes se parecem com esterco: bolinhas redondas, marrom-escuras, semelhantes ao cocô dos antílopes que pastam na região.

Da mesma forma que fazem certas lojas, que perfumam as roupas que põem à venda, a planta também perfuma sua oferta, isto é, a semente, com um aroma "atrativo": cheiro de cocô. E isso com o objetivo de atrair um grupo de clientes muito especial.

Em geral não é nada esperto produzir sementes que exalam cheiro forte, pois animais pequenos e famintos conseguem encontrá-las mais facilmente. A explicação para o mistério foi surpreendente: uma equipe de pesquisadores da Cidade do Cabo investigou se pequenos roedores comiam essas sementes pesadas e estranhas. Como amostra, espalharam cerca de 200 sementes de *Ceratocaryum* numa reserva florestal da África do Sul. O experimento foi documentado com fotografias: câmeras com sensores de presença foram colocadas diante de cada uma das sementes.

Descobriu-se que não eram os pequenos roedores que recorriam às sementes como alimento — eram os besouros rola-bosta que caíam no truque publicitário da semente: os besouros achavam que as bolas perfumadas eram cocô de antílope, onde depositam seus ovos e enterram no chão, alguns centímetros abaixo do solo.

Os rola-bostas prestam um grande serviço ao ecossistema enterrando esterco animal de verdade, uma vez que isso impede que as pastagens naturais sejam cobertas de excrementos e, ao mesmo tempo, devolve os nutrientes ao solo (p. 117). Mas, nesse caso, os besouros foram tapeados pelas sementes redondas, parecidas com o cocô dos antílopes. Pelo menos um quarto das sementes espalhadas foram assim plantadas num novo local.

E o que os besouros receberam em troca? Nada. Os cientistas se esconderam atrás dos arbustos e desenterraram as sementes enquanto mamãe besouro rola-bosta seguia seu caminho, e não encontraram nenhum sinal de ovos nem de que haviam tentado comer a semente. A conclusão é que os besouros acabam descobrindo que foram enganados e desistem de pôr seus ovos ali. Besouros não coram de vergonha. Do contrário, apareceriam vermelhos nas fotos que registraram o experimento. Imagine só ser enganado por uma bolinha imitando cocô!

Marmita para formigas

Há também uma grande quantidade de plantas que atraem insetos, principalmente formigas, para espalhar suas sementes em troca de uma recompensa. Conhecemos mais de 11 mil diferentes plantas desse tipo, ou quase 5% de todas as espécies vegetais que existem. Em comum elas oferecem uma recompensa, na forma de suplementação nutricional — uma marmita para a formiga. A formiga a carrega de volta para o formigueiro, e, enquanto a marmita é servida para as formiguinhas, as sementes vão sendo dispersas, de preferência sob a terra ao redor, embora algumas sementes também são espalhadas durante o transporte.

Na Noruega, muitas plantas também recebem essa mesma mãozinha das formigas. É uma adaptação engenhosa da parte da planta, que floresce e dispersa as sementes mais cedo, antes que haja comida em abundância, aumentando assim as chances de ter seus genes espalhados por aí com a ajuda das formigas. Da próxima vez que vir uma anêmona na primavera, preste atenção em como ela floresce e repare em pequenos pontinhos brancos em cada semente: são as marmitas de comida para as formigas.

Outras plantas firmam uma cooperação ainda mais estreita com as formigas e não lhes servem apenas comida, mas também constroem casas para elas. As acácias são o exemplo clássico: algumas têm espinhos prolongados, local onde as formigas podem se abrigar e aproveitar a dieta nutritiva que é servida, na forma de pacotinhos de óleo e nutrientes. Em compensação, as formigas mantêm afastados os herbívoros famintos e criam um cinturão de plantas rasteiras protetoras em volta das acácias.

Wood Wide Web — a Internet subterrânea das plantas

Colaborar pode ser uma estratégia inteligente quando os insetos estão a caminho de uma guerra. E aqui as plantas recebem ajuda de outra espécie: os fungos. Há muito mais coisa sob o chapéu dos *cantarelles* ou dos *porcini* que você avista caminhando pela mata. Uma boa porção desses cogumelos está justamente embaixo da terra, integrando o sistema de comunicação secreto da floresta — um emaranhado de fios que conectam árvores e plantas e lhes permite "conversar". Sim, elas se comunicam. Estamos aprendendo cada vez mais sobre essa estreita colaboração (simbiose) entre cogumelos e raízes, chamada micorriza, que na verdade ocorre em 90% das espécies vegetais do planeta.

Uma vantagem dessa simbiose é ajudar as plantas a crescer, uma vez que o cogumelo lhes fornece água e nutrientes extraídos da terra. Conhecemos essa associação há muito tempo. Mas a rede de cogumelos também pode servir para enviar mensagens, como avisar sobre um ataque de insetos, por exemplo. Assim como a escola envia um e-mail para os pais quando descobre a ocorrência de piolhos na classe 6B, ou o Ministério da Saúde faz uma campanha de vacinação quando a gripe de inverno está próxima, uma planta sob ataque de insetos envia sinais químicos por meio da Internet subterrânea para dizer: "Cuidado! Lá vêm os pulgões atacando de novo!".

Em um estudo engenhosamente elaborado, cientistas britânicos semearam feijões e permitiram que algumas das plantas desenvolvessem micorrizas, impedindo ao mesmo tempo que essa estrutura se formasse em outras. Em seguida, impediram o envio de sinais químicos por meio do ar envolvendo as plantas em sacos especiais, que não deixavam passar as moléculas desses sinais. O próximo passo foi deixar os pulgões comerem algumas das plantas. O estudo demonstrou que as plantas que não foram atacadas mantiveram contato com as plantas infestadas por meio da Internet de fungos e conseguiram desenvolver mecanismos de defesa contra os pulgões. As plantas isoladas não tiveram a mesma sorte.

Nas flores, essa Internet subterrânea — chame de Wood Wide Web, se preferir — também é utilizada pelas árvores para o intercâmbio de carbono. Alguns pesquisadores dizem que as árvores maiores e mais antigas de uma floresta, as "árvores-mães", ajudam suas parentes mais jovens na fase mais crítica do crescimento enviando-lhes uma espécie de "lanche" por meio dessa rede. E plantas que não pertencem à mesma espécie podem trocar nutrientes da mesma maneira. Talvez devêssemos reavaliar o modo que imaginamos as florestas — talvez as árvores estejam bem mais conectadas do que imaginamos.

Cultivando a própria lavoura

A agricultura e a pecuária são alicerces da civilização moderna — possibilitaram uma alta densidade populacional e todas as oportunidades decorrentes delas. Mas, em relação aos insetos, estamos infinitamente atrasados. Nossa revolução agrícola ocorreu há apenas dez mil anos. Nessa época, formigas e cupins já vinham praticando agricultura havia 50 milhões de anos, e as formigas já vinham utilizando a pecuária pelo dobro desse tempo. Talvez não seja de estranhar que as formigas nos deixem para trás em relação ao número de indivíduos no planeta. O peso conjunto dessas pequenas, porém numerosas criaturas de seis patas, faz frente ao peso somado de todas as pessoas na Terra.

Os insetos não cultivam plantas, cultivam fungos — cogumelos especialmente adaptados que só crescem nos formigueiros, assim como nossas plantas comestíveis, adaptaram-se a uma vida no "cativeiro". Nas Américas Central e do Sul é comum encontrarmos formigas-cortadeiras (saúvas). Longas filas de operárias caminham longas distâncias para cortar um pedaço de folha e trazê-lo para o formigueiro sob o solo. Nele, uma engrenagem muito bem azeitada faz inveja a qualquer potência industrial: uma enorme fileira de formigas, de tamanhos ligeiramente diferentes, faz exatamente o que é necessário — sem protestar por benefícios, como pausa para refeições, troca de turnos ou expedientes mais curtos.

As folhas são mastigadas e espalhadas na "horta". Outras formigas menores umedecem com saliva a massa de folhas, transferindo para ela fungos de outras partes da horta. Formigas ainda menores fazem ronda ao redor da horta, eliminando "ervas daninhas"; neste caso, bactérias e outros tipos de fungos indesejáveis. À medida que os cogumelos crescem e se espalham pelas novas partes do jardim, certas formigas encarregam-se de colher as partes ricas em nutrientes do fungo e distribuir o alimento rico em açúcar para todos, incluindo as larvas, a nova geração de formigas em crescimento.

Como numa linha de montagem bem operada, essa produção pressupõe acesso a matérias-primas de boa qualidade. Uma colônia de saúvas de tamanho médio mantém uma rede de cerca de 2,7 quilômetros de túneis em formigueiros ao longo de um ano — esses túneis partem do centro do formigueiro como raios de uma roda de bicicleta.

A agricultura dos cupins se parece com a das saúvas, mas a colônia consiste de massa de madeira misturada com saliva e é dividida em metades: acima e abaixo da terra. Um sistema de refrigeração sofisticado mantém-se em níveis ótimos de temperatura para refrigerar as hortas subterrâneas (p. 141). Os cupins não recolhem folhas verdes — eles transportam gravetos, grama e palha. Com o auxílio dos seus associados, os fungos, o material vegetal é decomposto e convertido em alimento mais palatável aos cupins. Ambos, cupins e fungos, dependem um do outro.

Até alguns besouros que vivem em madeira apostam nos fungos. Dessa forma, podem converter a celulose em matéria digestível. Os besouros da ambrosia, como são chamados, levam consigo uma espécie de marmita quando mudam para uma nova árvore — eles possuem cavidades especiais no corpo (*mycangia*), onde armazenam um determinado tipo de fungo. Uma vez acomodados na nova casa, isto é, uma árvore moribunda ou morta, não se contentam apenas em pôr ovos nas fendas da madeira. Eles escavam câmaras e corredores bem espaçosos para cultivar fungos — criam uma espécie de despensa para garantir a alimentação dos futuros besourinhos. E pode ser preciso, porque a vida familiar dos besouros não é como a nossa. Mamãe besouro põe seus ovos e vai embora, e os filhotes precisam se virar sozinhos para comer. Pelo menos a mãe preocupou-se em deixar a despensa bem abastecida antes de partir.

Não sabemos como formigas e cupins conseguem manter a produção estável e alta, mesmo tratando-se de um cultivo tão singular, dependente de uma única espécie de fungo. Se conseguirmos decifrar esse segredo, será uma ótima notícia para nossa futura produção de alimentos.

Pulgões como vacas leiteiras

A "pecuária" das formigas não é menos impressionante. Como mencionamos anteriormente, pulgões produzem um excessivo volume de fluido açucarado, e com ele fazem uma espécie de escambo com certas formigas, que em troca lhes servem de seguranças. Para as formigas, o fornecimento de carboidratos fáceis de digerir é tão atraente que aceitam de bom grado o negócio e ficam agressivas, defendendo sua reserva de garapa contra qualquer invasor que pense em se apossar dela. Uma colônia de formigas pode facilmente colher de 10 a 15 quilos de açúcar de pulgões num verão. Estimativas sugerem até 100 quilos de açúcar por formigueiro a cada ano.

Sabemos também que as formigas "pastoreiam" seu gado de modo a impedir que os pulgões se alastrem e invadam outras plantas. Assim como nós, humanos, cortamos as asas de patos, gansos e outras aves domésticas, as formigas podem cortar as asas dos pulgões. Também podem emitir sinais químicos para inibir a produção de pulgões alados, ou para limitar a quantidade de indivíduos em cada planta.

O controle dos pulgões pelas formigas pode ser desvantajoso para a planta, o que é natural, uma vez que pulgões e seus parentes sugam enormes quantidades de seiva vegetal. Uma prova disso tiveram pesquisadores norte-americanos, que a princípio estudavam as relações entre formigas e uma espécie de cigarra numa mata de arbustos no Colorado. Para seu aborrecimento, ursos negros não paravam de invadir a área de estudos e destruir formigueiros, danificando ao mesmo tempo boa parte do equipamento de pesquisa.

Finalmente, os pesquisadores decidiram mudar o foco do estudo e examinar de que forma o urso afetava o sistema. Foi quando descobriram que as plantas cresciam mais onde o urso estava presente, como resultado de um efeito dominó. Quando os ursos comiam as formigas, havia menos formigas para afugentar as joaninhas. Logo, havia mais joaninhas nos arbustos. Elas conseguiam comer em paz, tanto cigarras quanto outros herbívoros, reduzindo a quantidade de pragas nas plantas, que cresciam mais. Isso pode indicar que a presença de ursos pode contribuir para o bom crescimento das plantas.

Pequenos animais, mas de grande importância

Relacionamentos nem sempre são como imaginamos. Um exemplo vem dos campos de trigo das regiões semiáridas da Austrália. Neste caso, os pesquisadores queriam investigar a contribuição dos insetos, especialmente formigas e cupins, e para isso compararam a colheita de trigo em lavouras onde se pulverizou inseticida com outras, onde formigas e cupins estavam presentes.

Conclusão: a colheita de trigo na lavoura em que não havia sido borrifada inseticida foi 36% maior. Por quê? Em zonas secas como essas não existem minhocas, e cabe às formigas e cupins fazer o trabalho que as minhocas fariam: cavar pequenos túneis e permitir que mais água escorra da superfície para o fundo da terra. Nos campos com incidência desses insetos, a quantidade de água era o dobro em relação à lavoura onde haviam sido exterminados. E o teor de nitrogênio era muito maior, o que pode ser resultante das bactérias existentes no intestino dos cupins, que capturam nitrogênio do ar.

Os insetos não apenas melhoraram a quantidade de água e as condições de nutrientes no solo — as formigas que se alimentam de sementes também garantiram que existisse apenas metade das ervas daninhas na lavoura sem inseticida.

Não precisamos dar a volta ao mundo para reconhecer a importância das formigas. Há outros exemplos. Um estudo sueco em floresta de coníferas mostra como as pequeninas formigas conseguem interferir em grandezas, como o clima, influenciando o armazenamento de carbono nas florestas.

Dê uma voltinha por qualquer floresta ou mata onde você more e procure um formigueiro. Ali mora a formiga silvestre que constrói formigueiros, pertencente ao gênero *Formica*. Em um experimento no norte da Suécia, os pesquisadores eliminaram essas formigas de pequenas áreas com cobertura florestal. As consequências foram enormes.

A comunidade inteira foi afetada. Aumentou a incidência das quatro espécies de ervas daninhas mais comuns, e isso fez com que o solo da floresta recebesse mais nutrientes porque essas ervas, como a *Melampyrum* e *Linnea*, decompõem-se mais facilmente do que árvores e arbustos. Com mais nutrientes à disposição, a atividade bacteriana no solo disparou a níveis insustentáveis, acelerando a decomposição de troncos remanescentes de árvores mortas.

Qual o resultado prático de excluir as formigas? Ora, uma vez que a alteração dos materiais resultou na decomposição de carbono mais antigo, armazenado na forma de madeira velha, os cientistas observaram um declínio de 15% no armazenamento de carbono e nitrogênio no solo.

Considerando que as florestas boreais cobrem 11% da superfície terrestre e armazenam mais carbono que qualquer outro tipo de florestas, pode-se concluir que as formigas, apesar de seu tamanho insignificante, influenciam decisivamente em processos fundamentais, como a reciclagem de nutrientes e armazenamento de carbono.

Um problema espinhoso

Nós, humanos, há muito tempo nos beneficiamos da relação sólida entre insetos e plantas, e entre insetos predadores e herbívoros. Escritos antigos chineses, provavelmente de cerca de 300 d.C., discorrem sobre como o agricultor deve transportar certos formigueiros – cujos ninhos lembram papel – para os pomares de frutas cítricas, a fim de afastar pragas. Também era recomendável construir "pontes suspensas" de bambu entre os cítricos, para que as formigas pudessem passar de árvore para árvore mais facilmente e manter as pragas afastadas. Possivelmente temos aqui um dos primeiros exemplos do que chamamos de controle biológico — o uso de organismos vivos no combate a pragas como alternativa ao uso de inseticidas químicos.

Já deslocamos espécies por toda a parte do globo, muitas vezes intencionalmente, com resultados muito variados. Algumas vezes deu tudo errado. Como na Austrália, no século XVII. Alguém teve a brilhante ideia de começar a fabricar o corante carmesim (p. 133), importando alguns lotes de cactos do México. A produção de carmesim fracassou, e o cacto se alastrou por toda a parte. Em 1900, os cactos cobriam uma área do tamanho da Dinamarca. Vinte anos mais tarde, essa área havia sextuplicado. Um território do tamanho da Grã-Bretanha estava completamente imprestável para a agricultura ou pecuária, por estar inteiramente tomado por cactos espinhosos. A crise se instaurou. As autoridades prometeram uma recompensa polpuda a quem encontrasse uma maneira de combater o cacto. Essa recompensa nunca foi paga.

Finalmente, depois de uma Guerra Mundial e do muito desespero que se seguiu, a solução surgiu por meio de um inseto sul-americano. Uma espécie de mariposa do gênero *Cactoblastis*, cujas larvas mastigam o cacto, foi testada, introduzida e se reproduziu em larga escala. Cem homens, divididos em sete caminhões, percorreram todos os territórios de Queensland e Nova Gales do Sul distribuindo rolinhos de papel com ovos de *Cactoblastis* para os fazendeiros. Em cinco anos, de 1926 a 1931, mais de 2 bilhões de ovos foram distribuídos.

O sucesso foi espetacular. Já em 1932, as larvas de mariposas haviam mastigado cactos inteiros em boa parte do território infestado. Este também é um exemplo pioneiro de controle biológico.

Mas sempre há os dois lados da moeda. Depois do sucesso na Austrália, a mariposa foi usada no controle biológico de cactos em vários outros lugares, incluindo as ilhas do Caribe. Dali a mariposa *Cactoblastis* espalhou-se para a Flórida, onde agora ameaça erradicar espécies de cactos endêmicos e únicos.

CAPÍTULO 5

MOSCAS SERELEPES, BESOUROS DELICIOSOS — OS INSETOS E A NOSSA COMIDA

Você não gosta de insetos? É isso mesmo? Então também não deve gostar de chocolate, maçã e morango, não é? O fato é que todos eles, assim como uma série de outros alimentos, dependem dos insetos para ser produzidos no volume e na qualidade a que estamos acostumados. Estamos falando, claro, sobre o trabalho que os insetos desempenham na polinização.

As mudas de até 80% das plantas silvestres da Noruega beneficiam-se das visitas dos insetos às suas flores. Também um grande número de plantas da lavoura é dependente dos insetos.

Embora lavouras agrícolas polinizadas pelo vento (arroz, milho e cereais variados) sejam responsáveis pela maior parte do nosso consumo energético, frutas, bagas e nozes polinizadas por insetos constituem importantes suplementos energéticos e, não menos importante, são fontes de uma dieta variada. E sabemos que neste particular a diversidade de espécies é crucial. Em um estudo de 40 plantas alimentícias diferentes dispersas por todo o planeta, constatou-se que a visita de insetos silvestres resultou no aumento da colheita em todos os casos.

Estamos cultivando cada vez mais espécies vegetais que precisam de polinização — de acordo com o Painel da Natureza (IPBES), o volume dessas culturas agrícolas triplicou nos últimos 50 anos. Ao mesmo tempo, o número de espécies polinizadoras diminuiu, tanto em números absolutos como em diversidade. Na Noruega, 11% das espécies de insetos considerados polinizadores estão listados como ameaçados.

A polinização pelas abelhas também resulta em um subproduto muito apreciado, mais precisamente o mel, um adoçante natural com séculos de história. Agora, se você está considerando investir em proteínas ambientalmente corretas na sua dieta, que tal comer os próprios insetos? Eles são fonte nutricional importante, consumidos normalmente na dieta de boa parte do mundo, exceto no Ocidente. Examinaremos mais detalhadamente o papel dos insetos no nosso suprimento alimentar neste capítulo.

Doces gostosos, confeitados de história

Nós adoramos doces. Se você for um norueguês típico, terá ingerido 27 quilos de açúcar no ano passado. Não chega a surpreender, porque a dificuldade de se conter diante de uma boa sobremesa é algo que está no nosso eu mais íntimo. Um belo dia, no nosso passado de primatas, provamos uma fruta enquanto vagávamos pelas estepes africanas. As frutas mais doces e mais maduras tinham maior conteúdo energético, por isso, e com o passar do tempo, fomos desenvolvendo uma preferência pelo sabor adocicado. Naquele tempo, ter uma quedinha por doce era a coisa mais inteligente a fazer.

Qualquer um que a tenha esquecido na lancheira sabe que, uma vez que amadurece, a banana tem uma vida útil muito curta. Mas há outra fonte de doçura bem mais durável, que está em uso há muito tempo: o mel. Em 2003, na Geórgia, durante as obras de construção do segundo maior oleoduto da Europa, descobriu-se a cova de uma mulher com jarros de mel de 5.500 anos de idade.

Mas o que é mesmo o mel? O mel é fabricado pelas abelhas quando sugam o néctar das flores e o armazenam em um órgão interno chamado vesícula nectífera, localizado entre a faringe e o estômago. Isso significa que o néctar que se transforma em mel não é misturado com os alimentos que passam pelo trato digestivo das abelhas. Na vesícula nectífera, o néctar é misturado com as enzimas produzidas pelas abelhas. Quando retornam à colmeia, as abelhas regurgitam o conteúdo da vesícula nectífera na boca de outras abelhas, que o armazenam na sua vesícula nectífera e o repassam adiante, regurgitando-o para outras abelhas. Por fim, o mel é armazenado em células de cera, para uso futuro desses insetos — ou de nós, humanos, que iremos coletá-lo.

Mel alucinógeno

Em Cuevas de La Araña, na cidade espanhola de Valência, existem pinturas rupestres de 8 mil anos de idade que ilustram a coleta de mel. Elas mostram um homem pendurado numa corda ou cipó, com uma mão segurando um cesto e outra a colmeia, rodeado por um enxame de abelhas.

Na Ásia ainda há vestígios de culturas baseadas nas abelhas e no mel, tanto para fins de alimentação quanto para fins econômicos e culturais. Duas vezes por ano, o povo do mel, que habita o sopé da Cordilheira dos Himalaias, coleta o mel da *Apis dorsata laboriosa*, a abelha melífera asiática, a maior do gênero. É uma tarefa árdua e perigosa, que exige escalar picos íngremes com andaimes e cordas, com milhares de abelhas furiosas zumbindo em volta. Atualmente, a curiosidade dos turistas para testemunhar o fenômeno está causando uma exploração excessiva das colmeias, ao mesmo tempo a erosão e a diminuição das áreas selvagens alteram a paisagem e causam ainda mais danos às abelhas.

Não bastasse isso, jornalistas descobriram que uma variedade de mel coletado nas montanhas do Nepal possui efeitos alucinógenos, isto porque as abelhas coletam o néctar de plantas como o rododendro, o alecrim-do-pântano (*Andromeda polifolia*) e de outras plantas da família das ericáceas. Neste caso, o mel pode conter uma substância chamada graianotoxina, que, além de acelerar a pulsação e causar náuseas, pode causar alucinação.

Na verdade, o "mel louco" é um fenômeno conhecido também no Ocidente. Escritos datados de 400 a.C. relatam uma campanha militar em que milhares de soldados gregos, de passagem pela atual Turquia, consumiram mel silvestre. Mesmo sem inimigos à vista, o acampamento militar converteu-se em um verdadeiro campo de batalha. Segundo Xenofonte, comandante militar da Grécia Antiga, os soldados pareciam bêbados, enfureceram-se e perderam a razão. Acessos de vômito e diarreia tomaram conta do acampamento, e somente depois de dias os soldados puderam ficar de pé e marchar de volta para casa.

Outras fontes antigas descrevem o uso de mel alucinógeno como arma de combate. Qual soldado faminto e exausto resistiria a alguns favos de mel de rododendro largados displicentemente à beira da estrada? Não vai demorar muito para ele ser presa fácil para o inimigo.

Esse tipo de mel ainda hoje é produzido comercialmente em partes da Turquia, sob o nome de *Deli Bal*. Mas não se preocupe: você não vai ser envenenado se provar o tal "mel louco". A concentração da toxina no produto comercial vendido hoje é mínima, e é pouco provável que vai lhe causar algum sintoma grave. Felizmente.

O efeito bactericida do mel também é conhecido há bastante tempo. Ele era usado em feridas, e até para preservar corpos, como teria sido o caso de Alexandre, o Grande, que morreu na Babilônia com apenas 33 anos – ele teve o caixão preenchido com mel para que o corpo fosse preservado e transportado para Alexandria, dois anos depois, onde finalmente foi sepultado. Vai ser difícil saber ao certo se o relato é mesmo verdadeiro.

Doce colaboração

Um caso verídico, ainda que pareça pouco crível, é a história do pássaro-indicador, cujo nome em latim não deixa dúvidas sobre o que faz: *Indicator indicator*. Esse pássaro africano nos ajuda a encontrar mel. O pássaro adora favos e mel, e não é de recusar larvas de abelhas. Ele é conhecido por seu comportamento singular, avisando os humanos e outros animais onde está a colmeia. Em troca, fica com sua parte do butim quando a colmeia é pilhada por uma criatura maior e mais forte que ele próprio.

Enquanto a maioria dos pássaros voa para longe quando nos aproximamos, o indicador faz o contrário. Ele assedia os humanos, canta e saltita de um lado para o outro, como se convidasse a ser seguido. Pesquisas recentes mostram que os pássaros respondem a certos sons humanos. O povo moçambicano *Yao* ainda encontra mel com a ajuda do indicador. Quando pesquisadores produziam sons idênticos ao chamado do povo *Yao*, um pássaro-indicador, aparecia e os conduzia ao local onde havia uma colmeia, aumentando a probabilidade de 16% para 54% de encontrar mel. Este é um dos poucos exemplos de cooperação ativa com benefícios mútuos entre animais e seres humanos.

Essa estranha colaboração é conhecida desde o século XIV, mas alguns antropólogos afirmam que pode remontar aos tempos do *Homo erectus*. Estamos falando de mais de 1,8 milhão de anos, e isso diz muito sobre quanto esse produto dos insetos é importante tanto para animais quanto para nós, humanos.

Maná, o alimento milagroso

Os insetos também podem contribuir oferecendo outros tipos de doces. Talvez sejam eles a origem do maná, o alimento citado na Bíblia — a menos que acreditemos em milagres. O maná era, segundo o Antigo Testamento, a comida que sustentou os israelitas enquanto caminhavam do Egito a Israel. E foi uma caminhada e tanto. Quarenta anos atravessando o deserto do Sinai, com pouquíssimos recursos para conseguir alimento.

Isso era justamente a maior preocupação dos israelitas: "E toda a congregação dos filhos de Israel murmurou contra Moisés e contra Arão no deserto. Disseram-lhes os israelitas: "Quem dera a mão do Senhor nos tivesse matado no Egito! Lá nos sentávamos ao redor das panelas de carne e comíamos pão à vontade, mas vocês nos trouxeram a este deserto para fazer morrer de fome toda esta multidão!" (Êxodo, 16:2-3)

Mas o Senhor, que em Gênesis já havia se preocupado em povoar a Terra com "todas as criaturas que se movem rente ao chão", demonstrou sabedoria: "Disse, porém, o Senhor a Moisés: 'Eu lhes farei chover pão do céu.'" "Depois que o orvalho secou, flocos finos semelhantes a geada estavam na superfície do deserto. Quando os israelitas viram aquilo, começaram a perguntar uns aos outros: 'Que é isso?', pois não sabiam do que se tratava. Então lhes disse Moisés: 'Este é o pão que o Senhor lhes deu para comer'." (Êxodo 16:14-15) "O povo de Israel chamou maná àquele pão. Era branco como semente de coentro e tinha gosto de bolo de mel." (Êxodo 16:31) "Os israelitas comeram maná durante quarenta anos, até chegarem a uma terra habitável." (Êxodo 16:35; todas as citações foram transcritas de https://www.bibliaon.com/)

Uma dieta assim restrita – 40 anos comendo apenas bolo de mel — deveria ser o bastante para mudar a opinião do mais renitente dos apaixonados por esse doce. Ainda assim, o alimento pelo visto serviu para fazerem a travessia do deserto, pois os israelitas conseguiram chegar aonde queriam. Mas haveria algum produto comestível natural naquela parte do mundo que poderia ter inspirado a narrativa bíblica do miraculoso maná?

Os pesquisadores relacionam, com variado grau de probabilidade, desde seiva vegetal de diferentes arbustos e plantas, como o maná-cinza (*Fraxinus ornus*), passando por cogumelos alucinógenos (*Psilocybe cubensis*), pedaços de líquenes (*Lecanora esculenta*), a espuma da bactéria espirulina trazida pelo vento, até larvas de moscas, girinos ou outros pequenos animais vivos arrastados pelas tempestades de areia.

A hipótese mais plausível é que o maná seria a melada cristalizada de algum inseto que se alimentasse de seiva, mais precisamente a cochonilha (*Trabutina mannipara*). Este pequeno inseto alimenta-se da seiva de arbustos da tamargueira (do gênero *Tamarix*), comuns em todo o Oriente Médio.

Como a seiva que ingere a cochonilha (e muitos outros insetos do tipo - p. 72) contém uma enorme quantidade de açúcar em relação ao nitrogênio, ela precisa se livrar desse excesso, e o faz secretando um líquido açucarado chamado melada. Nos arbustos da tamargueira, grandes quantidades dessa substância adocicada se acumulam e secam na forma de cristais. Ainda hoje há pessoas no Iraque e em outros países árabes que coletam torrões desse açúcar da tamargueira, considerados iguaria.

Se ele for mesmo a origem do maná bíblico, podemos supor que o vento arrastou os cristais de açúcar e os espalhou pelo chão do deserto, dando a impressão de que os torrões de açúcar caíam do céu.

Suplemento para maratonistas

Talvez os israelitas devessem ter levado consigo um pouco de suco de vespa para ajudar na longa e extenuante travessia. A larva de uma vespa asiática é capaz de produzir uma substância que hoje é comercializada como um verdadeiro milagre para aumentar a resistência e melhorar o desempenho de esportistas.Vespas adultas não conseguem digerir proteína sólida. Em vez disso, elas voam para a colônia e alimentam suas larvas com pequenos pedaços de carne. As larvas têm mandíbulas poderosas e mastigam tudo que veem pela frente. Em troca desses nacos de carne, as larvas regurgitam uma espécie de geleia que as vespas ingerem sugando.

Quando se descobriu que o conteúdo dessa geleia era importante para a resistência das vespas — elas podem voar 100 quilômetros por dia, a uma velocidade de 40 km/h —, não demorou para que se fabricasse um produto comercial destinado a esportistas. E será que funciona? Hummm... Bem, está vendendo feito água. As vendas decolaram sobretudo depois que a maratonista Naoko Takahashi ganhou o ouro olímpico em Sidney, em 2000, e deu boa parte do crédito ao extrato de vespas. Hoje é possível comprar bebidas esportivas com extrato de larvas de vespas no Japão, e produtos similares são vendidos nos Estados Unidos.

Bilhões de gafanhotos famintos

Às vezes os insetos simplesmente comem a nossa comida. Enxames de gafanhotos são temidos até hoje justamente por isso. Na Bíblia, os gafanhotos são descritos como uma das dez pragas que o Senhor lançou sobre o Egito.

"Moisés estendeu a vara sobre o Egito, e o Senhor fez soprar sobre a terra um vento oriental durante todo aquele dia e toda aquela noite. Pela manhã, o vento havia trazido os gafanhotos, os quais invadiram todo o Egito e desceram em grande número sobre toda a sua extensão. Nunca antes houve tantos gafanhotos, nem jamais haverá. Eles cobriram toda a face da Terra de tal forma que ela escureceu. Devoraram tudo o que o granizo tinha deixado: toda a vegetação e todos os frutos das árvores. Não restou nada verde nas árvores nem nas plantas do campo, em toda a terra do Egito. (Êxodo 10:13-15, transcrito de https://www.bibliaon.com/exodo_10/)

Um aspecto fascinante dessa citação da Bíblia é que até hoje ela permanece atual do ponto de vista ecológico. Somente quando o *khamsin*, um vento quente do sudeste, sopra por pelo menos 24 horas, enxames de gafanhotos conseguem alcançar o Egito provenientes das regiões onde nasceram, mais a leste.

É realmente um espetáculo tenebroso. Um gafanhoto sozinho pode comer por dia uma quantia equivalente ao seu próprio peso. Uma vez que um enxame deles pode reunir até dez bilhões dessas criaturas saltadoras famintas, espremidas numa área correspondente a 192 campos de futebol, é possível visualizar o céu escurecendo numa nuvem que não deixa nenhum traço de verde atrás de si.

Ao mesmo tempo, o fato de que os insetos comem plantas destinadas ao consumo humano não é intrinsecamente algo negativo. Muitos vegetais que valorizamos por terem um gosto ácido, amargo ou forte desenvolveram esses sabores como defesa a fim de não serem comidos, inclusive por insetos. Pense em ervas como o orégano da sua pizza (p. 74), por exemplo, a menta do seu creme dental ou a mostarda do seu cachorro-quente. Caso a defesa não seja mais necessária, a planta economizará esse recurso para outro uso, e o sabor pode ser alterado. Muitos princípios ativos das plantas que usamos em medicamentos também podem se originar da necessidade de evitar serem comidas por insetos e outros animais maiores.

O melhor amiguinho do chocolate

Nós, humanos, adoramos chocolate. O consumo mundial de chocolate aumenta a cada ano, e os noruegueses ingerem mais de nove quilos por ano! Ao mesmo tempo, alguns fabricantes estão prevendo uma possível escassez de chocolate no futuro próximo devido a fatores globais, como mudanças climáticas e aumento do consumo de chocolate na China e na Índia.

Mas, na verdade, há um fator minúsculo do qual ninguém fala e é determinante para que você possa se deliciar com o seu chocolate – um pequeno mosquito, menor que a cabeça de um alfinete, com cara de poucos amigos. Não é de estranhar, quando se é do tamanho de uma vírgula e todos os seus parentes atazanam a vida das pessoas lhes sugando o sangue. Estamos falando de um mosquito da família dos borrachudos, esses minúsculos insetos que se enfronham em véus de proteção, entram nos ouvidos e até atrás das lentes dos óculos e arriscam tudo por uma gotinha de sangue.

Ainda assim, esse inseto é quase que inteiramente responsável pelas guloseimas do seu final de semana, ou por aquele chocolate quente que você toma para se aquecer no inverno. Na floresta tropical existe um parente do borrachudo que não quer saber de sangue; em vez disso, passa a vida procurando flores do cacaueiro.

As belíssimas flores, que nascem no tronco da árvore, são de uma complexidade incrível. Os mosquitos do cacau são dos poucos que têm a paciência – e o tamanho reduzido – para entrar nessas flores e fazer a polinização do cacau.

Mas a relação de amor entre o mosquito e o cacau é muito complicada. Não adianta vir com o pólen de outra folha na mesma árvore, nada disso. É preciso trazê-lo de árvores vizinhas. Considerando que nosso pequeno inseto mal consegue levar consigo material suficiente para polinizar uma única flor, cuja vida não dura mais que um ou dois dias antes de perecer, você pode ter uma ideia de como essa relação pode ser tensa.

Além disso, o mosquito do cacau é muito exigente no que diz respeito à decoração da casa. Ele precisa de sombra e muita umidade e faz questão de ter uma camada de folhas podres forrando o chão do quarto das crianças, isto porque suas larvas crescem e se desenvolvem no composto úmido da floresta tropical.

Esse processo não é capaz de produzir tanto cacau, especialmente em plantações em mata aberta, mais secas e bem mais iluminadas para o gosto do mosquito. Nas lavouras de cacau, apenas três de cada mil flores obtêm sucesso na polinização e acabam desenvolvendo frutos. Em média, um cacaueiro produz, ao longo dos seus 25 anos de vida, grãos suficientes para fabricar apenas 5 quilos de chocolate.

Traduzindo para uma medida palpável da quantidade de chocolate que consumimos durante a Páscoa, diria que um simples ovo de chocolate de tamanho médio requer um trimestre inteiro de produção de um único cacaueiro, incluindo o trabalho duro que os mosquitinhos tiveram de fazer para polinizá-lo.

Como nasce o marzipã

O marzipã ou maçapão é simples: consiste apenas de amêndoas finamente moídas misturadas com açúcar de confeiteiro e um pouco de clara de ovo para dar liga. Ao mesmo tempo, a criação dos doces à base de marzipã é o resultado final de um "parto" bastante complicado que ocorre na ensolarada Califórnia.

Oitenta por cento da produção mundial de amêndoas vem da Califórnia. O clima é ideal para a produção intensiva, e por isso as lavouras são exploradas ao máximo. Filas de amendoeiras cobrem uma área correspondente a quatro vezes o município de São Paulo.

As amêndoas são colhidas em setembro, usando-se um agitador mecânico que sacode cada árvore para que caiam dos galhos. Depois são postas no chão para secar por alguns dias, varridas, aspiradas e sugadas por um aspirador de pó tamanho gigante que percorre as lacunas entre as fileiras de árvores. E agora chegamos ao problema: entre as amendoeiras só deve haver solo compacto e nada mais. É mais produtivo e higiênico, mas significa também que não haverá alimento para os polinizadores naturais, como abelhas e outros insetos, ao longo de quilômetros de extensão.

É uma situação bastante complicada, uma vez que as amendoeiras dependem inteiramente da polinização para produzirem amêndoas. Por isso mesmo, a cada fevereiro ocorre ali uma mudança de dimensões colossal. As abelhas precisam tomar seus lugares! Mais de um milhão de colmeias são transportadas em caminhões especiais, de todas as partes dos Estados Unidos. A coisa toda parece um exercício de combate da Otan. Mais da metade de todas as colmeias dos Estados Unidos são transferidas para a Califórnia todos os anos, a fim de garantir o marzipã nosso de cada dia.

Na próxima vez que provar um doce de marzipã, lembre-se de mandar um agradecimento especial às abelhas. Elas são as parteiras desse doce.

Grãos, abelhas e cocô

O café tem muitas funções. Pode servir de desculpa para aquela merecida pausa. No trabalho, a máquina de café é o ponto de encontro mais popular. E uma xícara de cafezinho é um pré-requisito para nos despertar pela manhã – para mim, pelo menos, e para muita gente.

Reza a lenda que um pastor etíope foi quem primeiro descobriu os efeitos revigorantes do café. Ele percebeu que suas cabras preguiçosas comiam os grãos vermelhos do cafeeiro e começavam a pinotear alegremente — ele mesmo se sentiu assim quando provou o café. Certo dia um monge passava por perto e o pastor lhe explicou o que acontecia. Logo os monges conseguiam ficar acordados nas suas preces que atravessavam noites a fio.

Seja ou não esta a verdade mais fiel sobre a origem da bebida de café, fato é que estamos cada vez mais conhecendo o papel que diferentes espécies de animais desempenham para que você possa ter na sua xícara aquele cafezinho gostoso. Estamos falando aqui de animais que são muito menores ou muito maiores que uma cabra.

Vamos começar com os pequenos. Embora o cafeeiro comum consiga polinizar-se sozinho, no interior de cada flor, a safra de café será muito maior se os arbustos intercambiarem seu pólen. Uma vez que a floração do cafeeiro é bastante curta, nada melhor que uma entrega expressa de pólen no tempo exato. Ou, para usar o termo botânico mais adequado, entregue diretamente ao estigma, a parte feminina da flor.

E quem é o portador da encomenda? Abelhas de vários tipos. Estudos mostram que as abelhas podem aumentar a produção de café em até 50%.

Nas áreas em que a abelha melífera não é introduzida, mais de 40 diferentes espécies de abelhas solitárias fazem seu trabalho nas flores do cafeeiro. Nas abelhas solitárias, cada fêmea é responsável pelos seus filhotes — ao contrário das abelhas sociais, cuja maioria dos indivíduos são estéreis e ajudam a criar as filhas da rainha.

Abelhas sociais, como as melíferas, são ótimas para polinizar o café. Anteriormente, dizia-se que os cafeicultores deveriam, portanto, ter colmeias dessas abelhas próximo às lavouras de café, mas agora acredita-se que a introdução de abelhas sociais pode afetar a diversidade de abelhas solitárias, que em geral fazem um trabalho ainda melhor.

Para que possam prosperar, as abelhas solitárias precisam ter locais próximos às lavouras de café onde possam nidificar. Algumas espécies precisam de uma área de terra nua ao redor do ninho, outras habitam ocos de troncos de árvores mortas. O modo tradicional de cultivo do café — pequenas áreas de cultivo com cafeeiros distribuídos no meio da mata — assegura uma polinização muito melhor do que lavouras a céu aberto. Além disso, o café de sombra é mais saboroso.

Já que falamos de sabor, sabia que o café mais luxuoso do mundo é um verdadeiro café de merda, literalmente falando? Quando o café atravessa o trato digestivo animal, alguns dos seus componentes são metabolizados e o que sai do outro lado são grãos de café mais doces, sem amargor.

Essa descoberta bizarra começou com a civeta asiática, uma criatura da família dos felinos. Ela vive nas florestas tropicais da Indonésia, onde desfruta de uma dieta variada de pequenos animais e frutas, incluindo algumas mais comuns, como manga, outras mais exóticas, como rambutão, e grãos de café. Não me pergunte quem descobriu, mas alguém começou a selecionar grãos de café das fezes da civeta e a vendê-los por um preço altíssimo, algo como 250 reais a xícara!

No início, essa foi uma boa fonte de renda adicional para os pequenos agricultores indonésios que coletavam fezes de civeta. Mas quando pessoas inescrupulosas perceberam que havia muito dinheiro em jogo, passaram a capturar as civetas e mantê-las em condições insalubres, forçando-as a ingerir grãos de café. Eis aqui um comércio nocivo, a ser evitado a todo custo.

Se você quer mesmo gastar 250 reais numa xícara de café, que tal então provar a variedade que vem do cocô do elefante? Ele é produzido por uma fundação sem fins lucrativos que trabalha pela preservação dos elefantes. Três dias depois que o elefante põe os grãos na boca, eles são retirados do esterco que sai pela outra extremidade do bicho. Quem já provou diz que o café fica com aroma de passas. De minha parte, prefiro tomar um bom café de sombra e comer as passas de acompanhamento.

Morangos mais vermelhos e tomates mais suculentos

É sabido que a polinização por insetos é importante para safras mais numerosas de várias frutas e bagas. Mas você sabia que a polinização por insetos também contribui para uma melhor qualidade das bagas?

Pegue o morango, por exemplo, que do ponto de vista botânico nem baga é, mas uma falsa fruta — a base de uma fruta inchada e suculenta salpicada de frutinhas (que do ponto de vista botânico são nozes e não frutas, só para dificultar ainda mais). O ponto é que cada uma das pequenas "sementes" grudadas na casca do morango é uma frutinha, na verdade, e para que seu morango seja grande e suculento a maioria delas precisa se desenvolver. Caso apenas poucas dessas "sementes" evoluam, o morango fica pequeno e retorcido. Um morango bem polinizado pode ter de 400 a 500 "sementes", e para tanto precisa de insetos.

Um estudo alemão mostra que os morangos polinizados por insetos são mais vermelhos, mais firmes e têm menos malformações que aqueles polinizados pelo vento ou autopolinizados. Bagas mais firmes também toleram melhor o transporte e o armazenamento, isto é, duram mais nos hortifrútis e, como resultado, remuneram melhor o produtor pelos morangos que cultivou. O estudo demonstrou que morangos polinizados por insetos tiveram valor de mercado 39% superior aos morangos polinizados pelo vento e 54% maior que os morangos autopolinizados.

Efeitos similares acontecem com várias outras espécies vegetais de consumo humano polinizadas por insetos. As maçãs ficam mais doces, os mirtilos são maiores, a colza tem maior teor de óleo e a polpa dos melões e pepinos fica mais firme. Até mesmo para aqueles tomates cujo produtor sai pela estufa agitando uma varinha para dispersar o pólen, imitando as vibrações de um abelhão, a prova do sabor é implacável: os tomates polinizados por insetos são mais gostosos.

Comida para nossa comida

Fabricar mel e polinizar plantas, porém, não são as únicas coisas úteis que os insetos fazem por nós e pela nossa comida. Os insetos também são necessários para outros alimentos que apreciamos; entre eles, as espécies maiores, como peixes e aves.

Peixes de água doce alimentam-se em grande parte de insetos. Alguns insetos levam muito a sério as aulas de natação dos seus filhotes, que ficam permanentemente submersos até atingirem a idade da razão. Mosquitos, moscas e libélulas, apenas para citar alguns. Submersos, muitos desses filhotes acabam virando ração de trutas e percas — que nós comemos. Agradeça aos insetos, então, na próxima vez que saborear um filé de truta.

Pássaros também são inveterados comedores de insetos. Cerca de um terço das espécies de aves norueguesas são puramente insetívoras. Se contarmos aqueles que comem um inseto aqui, outro ali, chegaremos a 80%. Não menos importante, insetos são alimentos básicos para filhotes de aves e oferecem a reserva de proteína necessária para que cresçam fortes e saudáveis. Muitas espécies de aves que caçamos para comer, como perdizes, codornizes e faisões, dependem de saborosas larvas de insetos para chegar à idade adulta.

Também podemos usar os insetos como alimento. A ONU estima que um quarto da população mundial recorre a dieta em parte constituída de insetos, particularmente em países da Ásia, África e América do Sul. Mesmo na nossa cultura Ocidental temos uma certa tradição no assunto. A Bíblia descreve minuciosamente quais insetos podem ser comidos —embora a descrição não acompanhe os padrões atuais (insetos têm seis patinhas, não quatro): “Dessas, porém, vocês poderão comer aquelas que têm pernas articuladas para saltar no chão. (Levítico, 11: 20-21, transcrito de https://www.bibliaon.com/versiculo/levitico)

Essa passagem normalmente é interpretada como um sinal verde para comer gafanhotos, e interdita os demais insetos. Sabemos bem que gafanhotos eram considerados iguaria na Antiguidade: relevos em pedra, cerca de 700 a.C., mostram espetinhos de gafanhotos sendo servidos ao rei.

Insetos são saudáveis e ecologicamente corretos

Insetos são, de fato, uma comida saudável. Depende, naturalmente, de qual inseto estamos falando, mas em geral eles têm um conteúdo proteico tão alto quanto o da carne bovina, porém com baixo nível de gordura. Os insetos também têm muitos outros nutrientes importantes: a farinha de grilo pode conter mais cálcio que o leite e duas vezes mais ferro que o espinafre.

Comer insetos não é apenas saudável. É também ecologicamente correto. Substituir animais domésticos tradicionais por animais em miniatura, como gafanhotos ou carunchos, pode contribuir para uma produção alimentar mais sustentável. Dessa forma, pode ser mais fácil para algumas pessoas fazer a transição para uma dieta baseada menos em carne e mais em vegetais.

Porque, como você sabe, este planeta está abarrotado de gente. Já somos mais de 7 bilhões de pessoas. A cada minuto, aumentamos em mais 140 — um número correspondente ao que a população da Noruega cresce em um mês. E quando se trata de produzir comida para toda essa multidão, os insetos são muito mais eficazes do que o gado tradicional. Estima-se que os gafanhotos, na melhor das hipóteses, sejam doze vezes mais eficazes do que os bovinos no fornecimento de proteínas.

Além disso, precisam de uma fração da quantidade de água e quase não produzem esterco, se comparados a uma vaca. Ou seja, as vacas estão cobrindo de esterco o nosso planeta inteiro. Uma vaca elimina várias toneladas de esterco por ano, mas produz também uma imensa quantidade de metano e de outros gases que provocam o efeito estufa. O cocô dos insetos não traz nenhum desses prejuízos.

Resumindo grosseiramente, insetos como minianimais domésticos requerem pouquíssimo espaço, água e comida, reproduzem-se num ritmo acelerado, ao mesmo tempo que consistem numa dieta nutritiva e rica em proteínas, com a vantagem de quase não produzirem gases poluentes.

Pode ficar ainda melhor? Pode, sim! Os insetos, além de tudo, podem ser criados à base da comida que descartamos. E aí podemos matar duas moscas (ou gafanhotos) com um só golpe: produzindo boa comida e nos livrando do lixo que geramos. Mas é preciso pesquisar mais se quisermos realmente incluir insetos na dieta humana.

Mingau de insetos

Do ponto de vista ambiental, não estamos falando de polvilhar a salada com formigas fritas, nem decorar o bolo de chocolate com confeitos de gafanhotos.

Chefs de cozinha que servem pratos com insetos apelam a uma curiosidade natural do público, e são uma novidade passageira.

Assim como não comemos um carneiro envolto na própria lã, os insetos também precisarão ser processados para serem oferecidos como alimento. E será preciso oferecer um produto final barato, de preparo fácil e acessível a qualquer pessoa. Somente assim produtos como farinha de grilo e hambúrgueres feitos de larvas de caruncho podem vir a ser alimentos do dia a dia.

A "segunda-feira sem carne" é uma tendência que veio para ficar. Quem sabe a próxima seja "terça-feira com insetos..."

Pode demorar um pouco até pensarmos nos insetos como um alimento comum. Mas que tal desenvolver ração para gado ou para peixes baseada em insetos? Insetos que cresceram e chegaram à vida adulta ajudando a eliminar o lixo orgânico que produzimos? Dessa maneira poderíamos alimentar o salmão produzido em fazendas marinhas com insetos, em vez de soja plantada no Brasil, e isso, felizmente, já é objeto de pesquisa hoje.

Há certos desafios no uso de insetos como alimento humano. Insetos têm sua cota de parasitas e doenças que precisamos controlar, se pensarmos numa produção em larga escala. Algumas pessoas têm alergia a insetos, e a legislação sobre alimentos para consumo humano precisará ser atualizada.

É igualmente importante garantir que essa seja uma iniciativa de fato sustentável, numa perspectiva de longo prazo. Não adianta gastar uma grande quantidade de energia para manter uma "fazenda" de insetos.

Gafanhotos não são como ovelhas, que resistem a um inverno rigoroso. Eles não toleram o clima frio e será necessário aquecer criatórios de dimensões gigantescas para que cresçam e se reproduzam rapidamente.

Resta ainda um desafio importante, a saber, a aceitação do consumidor. Os consumidores precisam estar dispostos a comprar e comer produtos alimentícios com insetos porque este é um tema relevante, e devem considerá-los interessantes e saborosos. Talvez isso seja rapidamente superado assim que uma boa farinha de insetos, acessível e saborosa, chegue às gôndolas dos supermercados. Nós podemos fazer isso. Basta querer. Afinal, não aprendemos a comer peixe cru em poucos anos? Quem sabe os insetos sejam o novo sushi.

Dar nomes a essas novidades também é importante — é preciso batizar produtos com nomes que resultem em associações positivas. Gafanhotos e grilos, que tantas pessoas consomem em boa parte do mundo, podem muito bem ser comercializados como "camarões terrestres". Podemos fazer associação dos nomes com a crocância do seu exoesqueleto, e larvas podem ser chamadas de mushi ("inseto", em japonês, e uma boa contrapartida, inclusive sonora, ao sushi).

Pode ser engraçado, mas não é brincadeira. Na Noruega, o Conselho Nacional do Idioma Norueguês já está pesquisando nomes para alimentos à base de insetos, usando inclusive dialetos e palavras derivadas do antigo idioma nórdico.

Se você não consegue derrotar o inimigo, coma-o.

O entomologista britânico Vincent M. Holt preocupava-se especialmente com a nutrição, sobretudo nas classes menos favorecidas. Ele acreditava que as classes operárias deveriam prestar mais atenção nos insetos como uma rica fonte de alimento. Ainda em 1885, ano em que a Estátua da Liberdade foi erguida em Nova York, Holt escreveu um provocativo panfleto intitulado "Por que não comer insetos?". No seu texto, tomou a liberdade "poética" de incluir caracóis (que são moluscos) e tatuzinhos-de-jardim (crustáceos) no conjunto dos insetos.

Holt fez uma defesa apaixonada dos insetos na alimentação, argumentando que são "saudáveis" e "úteis", sustentando que poderiam diversificar a dieta miserável dos operários naqueles dias.

"Que o jardineiro coma as pragas do campo no almoço, que a dieta dos lenhadores consista em gordas larvas que caem das árvores que derruba", sugeriu Holt. Em outras palavras, seria uma situação de ganha-ganha.

O divertido opúsculo de Holt inclui algumas receitas. Infelizmente, talvez, a receita de sopa de caracóis e linguado frito ao molho de tatuzinho não caiu no gosto popular. Talvez uma melhor escolha de matérias-primas, além de métodos de preparo contemporâneos, possa corrigir a falta de entusiasmo por insetos como alimento. Trata-se, aliás, de um tema que vem sendo discutido com toda a seriedade na ONU e em outros organismos multinacionais.

No futuro é bem possível que Holt tenha razão no final: "Embora esteja certo de que eles jamais se negariam a nos comer, estou igualmente certo de que, tão logo descubramos o quão deliciosos são, iremos prepará-los e comê-los com prazer".

CAPÍTULO 6

INSETOS COMO FAXINEIROS

Carvalhos grandes e velhos são algumas das coisas mais belas que conheço. Eles se erguem orgulhosos, um legado de outra era. Árvores que brotaram e cresceram bem antes do surgimento da luz elétrica e das mídias sociais, um tempo em que *trolls* eram seres míticos que habitavam as florestas, não as páginas da Internet.

Os enormes carvalhos de hoje em dia preservaram essa mágica. Neles, onde Pippi Meias Longas, personagem do clássico infantil de Astrid Lindgren, ia buscar seu suco de framboesa, nós, pesquisadores, procuramos por insetos raros. No interior dos troncos de carvalho existem cavidades ocas, nas quais a madeira apodrece lentamente. O interior parece um pouco assustador, mas não é inteiramente escuro, cheira a mofo e umidade, com um quê da brisa de outono que traz o aroma das folhas mortas. Ao mesmo tempo, recende também um leve toque de madeira, como a primavera. Aqui dentro você encontrará outro mundo, um mundo no qual tempo e espaço ganham outro significado. O tempo passa mais rápido, pois uma geração inteira de besouros cumprirá seu ciclo de vida num único verão. Aqui, uma camada de fungo avermelhado, recendendo a mofo e umidade, exalando o cheiro da impermanência da vida, é um universo para um pseudoescorpião de um milímetro de comprimento.

Dentro do tronco habitam ácaros coloridos e besouros pálidos, escaravelhos adultos e outros insetos minúsculos. Vida e morte, drama e sonhos, lado a lado, em escala milimétrica.

A busca por velhos carvalhos e seus hospedeiros me levou a muitas áreas de floresta por onde jamais eu teria me aventurado, e me deu a oportunidade de testemunhar a natureza de uma maneira única e inesquecível. Acampamentos nas colinas nuas e rochosas de Vestfold, com vista para as montanhas azuladas no horizonte, noites de primavera em Telemark, voltando para o carro depois de um dia de trabalho, tendo por companhia apenas o pio da coruja e o brilho da lua. Escarpas íngremes e escorregadias em Agder, que mal consegui escalar sob a chuva torrencial. Rochedos imensos na costa oeste da Noruega, onde todos os carvalhos têm no tronco as marcas das intempéries e dos tempos de penúria, quando deles se colhiam as folhas para servir de ração animal no inverno. Becos, pastagens, árvores no meio de lavouras, jardins privados. Na maioria das vezes, sozinha — mas nem tanto, pois no interior desses troncos o número de habitantes é maior que toda a população de Oslo.

Um tronco de carvalho oco é como um castelo. Um palácio de biodiversidade, pura e simplesmente. A casca da madeira de carvalho resistente protege contra a chuva, o sol e os pássaros as centenas de diferentes espécies de insetos que vivem ali. O tronco retorcido, que evoca esculturas barrocas sacras, tem vãos que permitem o crescimento de líquenes minúsculos. Alguns cogumelos vivem em estreita coabitação com as raízes da árvore, e outros ajudam a decompor a madeira que tomba.

Boa parte dessas espécies tem uma razão de existir na floresta: o bolor da madeira, uma mistura vivificante composta de restos de madeira podre, fios de fungos, talvez um ou outro ninho de pássaros e um pouco de guano (fezes de morcego). O fungo da madeira é uma espécie de restaurante sofisticado para insetos. Ali eles encontram um pouco de tudo que apreciam. Na escuridão tênue de um oco de carvalho, centenas de insetos diferentes podem viver. O eterno ciclo da natureza move-se lentamente, convertendo árvores imponentes em um substrato de fungo e solo onde novas nozes de carvalho podem brotar.

Alguém tem de cuidar da limpeza

Apenas um décimo de tudo que brota e cresce é comido pelos herbívoros. Todo o resto, 90% de toda a produção vegetal, permanece no solo. E não são apenas plantas e árvores que morrem — animais de todos os tamanhos, de formigas a elefantes, chegam ao fim um dia. A quantidade de proteínas e carboidratos que precisam ser reciclados é imensa. Além disso, há os resíduos que esses animais produzem enquanto vivem: cocô, resumidamente. É preciso limpar isso também. Um trabalho não muito agradável, mas os insetos também nos ajudam nessa tarefa.

É aqui que o batalhão de faxineiros da natureza entra em campo. Exatamente como na escola ou no condomínio, cabe aos faxineiros limpar a sujeira que os outros deixam para trás. Assim é também na floresta, nos campos e nas cidades, onde milhares de fungos fazem o trabalho importantíssimo de decompor matéria orgânica morta. Os pequenos faxineiros da natureza cuidam de arrumar a bagunça. Pode levar tempo, e é necessário um trabalho conjunto em que cada diferente espécie tem um papel a cumprir.

Mesmo que poucos se deem conta do que jogamos no lixo durante os passeios de domingo pelo parque ou na floresta, esses processos de decomposição são cruciais para a vida no planeta. O paciente mastigar de árvores secas e restos podres pelos insetos não só retira do solo a sujeira das plantas e animais mortos, mas também devolve ao solo os nutrientes do material orgânico morto. Se substâncias como nitrogênio e carbono não retornarem ao solo, nenhuma nova vida poderá germinar e crescer.

Árvores mortas são condomínios de besouros

Quando mamãe inseto está em busca de um lar na floresta, encontra coisas que não estamos acostumados em reparar. Tome o exemplo de besouros que habitam árvores mortas: nós temos repulsa por casas com umidade e podridão, e eles acham isso o máximo: significa uma geladeira abarrotada de comida para as vorazes crianças da família.

A senhora besouro vem então fazer uma visita ao imóvel. Com suas seis patinhas, pousa suavemente numa árvore morta. Com as antenas e os dedinhos dos pés ela sente o gosto e o cheiro para saber se ali é o melhor local para inaugurar um jardim de infância de besouros. Se ficar satisfeita, rapidamente depositará ali mesmo seus ovos, numa fenda da madeira, e alçará voo novamente à procura de outra árvore que precise de um batalhão de limpeza.

Do ovo sairá uma minúscula larva, que corajosamente abre seu caminho mastigando a casca e a madeira do tronco. Uma tarefa hercúlea, que ela felizmente não precisará fazer sozinha. Milhares de larvas de besouros podem coexistir numa árvore morta, contando com a ajuda de bactérias e fungos.

A madeira recém-tombada é um festim: contém seiva abundante em açúcar logo abaixo da casca, que começa a fermentar e deixa os convivas com o apetite aguçado. Para os besouros, cada espécie de madeira é um prato diferente e irresistível. Os besouros que se alimentam da casca são um exemplo. Só que é preciso ser rápido. Passado o verão, as panelas estarão vazias — todo o açúcar delicioso que estava ali já terá desaparecido.

Madeira morta e seca, entretanto, não é um banquete tão apetitoso. Para os insetos, celulose e lignina, dois dos principais ingredientes da madeira, são tão saborosos e digeríveis quanto para nós seria um saco de ração. Neste caso, é bom que alguns cogumelos tenham uma verdadeira paixão por celulose e outros, por lignina. Eles atiram seus fios fúngicos e tornam a madeira ainda mais atraente para os besouros, aumentando seu conteúdo nutricional e tornando-a mais acessível. Além do que, como acompanhamento eles têm as bactérias. Alguns besouros têm até pequenos parceiros no corpo que ajudam a extrair os nutrientes das partes menos digeríveis da árvore. Em geral, um conjunto de vários organismos está envolvido na decomposição de madeira morta.

A madeira morta vive!

Árvores mortas, galhos e raízes são o lar de uma quantidade surpreendente de espécies. Um total de 6 mil espécies vivem em madeira morta na Noruega, isto é, um terço de todas as espécies florestais existente no país. Cerca de 3 mil dessas espécies são insetos. Em comparação, contamos apenas cerca de 300 espécies de aves e menos de 100 espécies de mamíferos no país.

Quando fungos, insetos, musgos, líquenes e bactérias assumem seu posto, há mais células vivas na madeira morta do que havia quando estava viva. Não deixa de ser irônico que uma árvore morta seja a coisa mais viva que você pode encontrar numa floresta. Cada espécie encarrega-se de uma limpeza específica e tem uma série de exigências muito peculiares para escolher o tipo de madeira em que quer morar.

Por que há tantas espécies de insetos em madeiras mortas? Uma explicação é que os insetos que vivem em pedaços de madeira morta têm demandas diferentes para suprir. Para nós, que não conseguimos digerir madeira, é difícil compreender as nuances existentes em cada espécie, seu estado de decomposição, tamanho e onde se encontra.

Se você for um inseto, saberá que um abeto morto é completamente diferente de uma bétula morta. Assim como um álamo que acabou de morrer não tem nada a ver com outro que tombou na floresta há anos. Conforme mencionamos anteriormente, as plantas e as árvores têm defesas específicas contra herbívoros e insetos. Essas defesas permanecem ativas depois que a árvore morre, sobretudo imediatamente após a morte; logo, os insetos que se apossam de uma árvore recém-morta devem ter se adaptado para poder driblá-las.

O tamanho também conta muito: o galho morto de um carvalho oferece hábitats bem diferentes no interior do tronco apodrecido da mesma árvore. Da mesma forma, um pinheiro morto no alto de uma colina servirá de morada para espécies com hábitos alimentares bem diferentes daquelas que resolveram morar num pinheiro morto no coração de uma floresta sombria e úmida.

Em outras palavras, um pinheiro não é apenas um pinheiro — madeira morta tem mais nuances que um vinho fino, e os insetos são *sommeliers* bastante exigentes. Uma vez que têm necessidades distintas, é preciso haver madeira morta em quantidade e qualidade suficientes para que possam ocupá-la e fazer seu trabalho.

Existe, contudo, um ponto fundamental quando mamãe besouro está procurando um pedaço de árvore morta para instalar as crianças. É preciso chegar lá no tempo certo, antes do fim da festa! Se ela demorar demais, o local será ocupado por outros — isto é, se conseguir chegar.

Por isso as florestas naturais são tão importantes — florestas que não tenham sido afetadas pela indústria madeireira moderna. Nelas há muito mais madeira morta e em maior variedade, o que significa mais oportunidades no mercado imobiliário dos insetos. Os troncos ficam mais próximos uns dos outros, permitindo à mamãe besouro visitar vários deles num só dia e pôr seus ovos durante cada visita, assegurando uma nova geração de milhares de besourinhos.

Uma pesquisa estrondosa

O que se passa com as árvores que morrem é, portanto, um dos meus assuntos preferidos, um tema ao qual nós, pesquisadores, dedicamos muito do nosso tempo. Pode não ser tão complexo como mandar um foguete ao espaço, mas sem dúvida já participei de projetos igualmente barulhentos. Há aproximadamente quinze anos, por exemplo, fizemos um experimento estrondoso: cercamos uma área de floresta com explosivos, localizados a cerca de cinco metros do solo, acionamos o detonador e demos no pé. Foi um barulho enorme; sentimos o impacto quando a copa da árvore caiu no chão e fez a terra tremer.

Nosso intuito era criar troncos mortos em posição vertical. Criamos sessenta deles, e a cada ano que passava verificávamos quais espécies de besouro visitavam aquele tronco. Dessa maneira, aprendemos muito sobre a dieta de diversos insetos. Também comprovamos a eficácia das normas regulatórias de preservação florestal, isto é, deixar troncos altos mortos em intervalos regulares nas florestas de manejo.

Mais empolgante é agora, quinze anos depois, ouvir uma espécie de eco distante da visita desses besouros. Há naquelas árvores, hoje, fungos de diversos tipos, a depender de quais insetos as visitaram no passado.

Isso nos fez pensar o seguinte: será que fungos e besouros não seriam como flores e abelhas, que dependem mutuamente um do outro? Talvez certos bolores de madeira correspondam diretamente à ocorrência de determinados tipos de besouro. Isso já é conhecido em certos besouros de casca de árvores, cuja colaboração com fungos é tão estreita que ambos dependem um do outro. Mas será que essa colaboração é mais comum do que imaginamos, ainda que se dê de maneira mais informal, porém com vantagens para ambas as partes?

Para examinar isso, um dos nossos doutorandos resolveu engaiolar árvores. Ou, melhor dizendo, restos mortos delas. Esses pedaços não podiam ser visitados por insetos, que não atravessavam a malha da rede de proteção da gaiola. Para efeito de comparação, ele deixou troncos idênticos do lado de fora das gaiolas, onde os insetos podiam pousar livremente.

O resultado foram comunidades de fungos inteiramente diferentes daquelas em que o acesso dos insetos não era permitido. Acreditamos que isso se deve ao fato de que muitos insetos trazem consigo, presos ao corpo ou no estômago, esporos ou fios fúngicos. Assim que pousam no tronco para pôr seus ovos, os insetos deixam ali, pelo simples contato ou misturados às fezes, fungos que serão os novos inquilinos daquele pedaço de madeira.

Além disso, outra coisa chama atenção: parece que os troncos isolados nas gaiolas se decompõem mais devagar. O trabalho de limpeza fica mais lento se os insetos tiverem que fazer tudo sozinhos.

Um zoológico debaixo dos pés

Eu amo correr, de preferência pelo chão úmido e macio das trilhas da floresta. A meia hora de distância de onde moro existe uma reserva florestal com árvores mortas empilhadas umas sobre as outras, como num jogo de pega-varetas. Olho em volta e tento contar as espécies — nas florestas norueguesas há cerca de 20 mil delas. Nem todas elas vivem na "minha" floresta, mas, mesmo assim, quantas saberei identificar? Consigo identificar algumas árvores, uma dezena de plantas, líquenes, fungos, talvez um alce ou uma ave silvestre, se não tiver feito muito barulho. Se for no verão, os insetos dominarão minha lista de espécies, mas dificilmente chegarei a mais de cem deles, mesmo aqui na reserva florestal. Então onde estará o restante?

Muitas das outras espécies são pequenos insetos e congêneres, levam uma vida inteiramente em segredo. Como já mencionamos, um terço das espécies florestais vivem na superfície e no interior de árvores mortas. Outro hábitat importante é o solo. Em nenhum outro lugar as espécies vivem num espaço tão densamente povoado. Na pequena quantidade de terra que fica presa no solado do meu sapato, depois de um passeio pela floresta, pode haver mais bactérias do que a população dos Estados Unidos, sem mencionar fios fúngicos invisíveis de tão finos. Na terra você também encontrará uma miríade de pequenos insetos e outros seres rastejantes. Um verdadeiro zoológico em miniatura oculta-se nessa escuridão: minhocas e outros anelídeos, ácaros, nematoides e tatuzinhos-de-jardim. Todas essas espécies, que ignoramos no nosso dia a dia, têm um papel importante no trabalho de reciclagem, mastigando, escavando, arejando e misturando. Num piscar de olhos, tudo é transformado em terra vegetal fértil, para que uma nova vida possa brotar. É um feito e tanto, na verdade.

A terra é importante, mas a cada ano muito dela desaparece. Não porque fica presa à sola do sapato de alguém, mas por causa da erosão decorrente do vento e da água. A erosão é um fenômeno natural, mas em muitos locais a perda do solo é demasiado alta porque nós, humanos, removemos a vegetação natural que havia ali. Como resultado, não há onde a terra se segurar e ela é arrastada pelo vento ou escorre em direção ao mar, entre outros motivos. Nós perdemos bilhões de toneladas de solo fértil a cada ano dessa maneira. Com a terra vai-se também uma importante diversidade de agentes decompositores, a garantia de que os nutrientes da floresta serão reciclados.

A fina camada de terra é a pele que reveste o nosso planeta. Uma camada delicada e viva sobre o magma e a crosta de rocha estéril e dura. Quem sabe não é hora de nos preocuparmos um pouco mais com o tratamento que estamos dando à pele do planeta... Como um adolescente que observa ansioso o rosto no espelho, também devemos nos preocupar em garantir boas condições para o nosso chão e para as criaturas que ali habitam, pois nós precisamos deles. E, parafraseando uma propaganda de cosméticos, "porque eles merecem".

Uma formiga em Manhattan

Cachorros-quentes no parque e comidinhas nos festivais de música. O breve verão norueguês atrai as pessoas para fora de casa e muda os hábitos alimentares da população. Mas o que acontece com os restos de comida que largamos pelas calçadas e gramados afora? É aí que as formigas entram em cena.

Muita gente considera as formigas irritantes, até mesmo nojentas, mas a verdade é que é até bom ter formigas por perto, inclusive nos centros urbanos. Um grupo de entomologistas que estudou as formigas de Manhattan fez as contas e concluiu que devem existir cerca de 2 mil delas para cada nova-iorquino. E o que faz uma formiga na metrópole? Ela vive sua vida de formiga, que consiste majoritariamente em conseguir comida e se reproduzir. No que se refere à dieta, as formigas não são muito exigentes e têm apetite para tudo: os pesquisadores estimam que a quantidade de comida descartada e recolhida por elas corresponde a 60 mil cachorros-quentes por ano! É bom mesmo que estejam por perto.

Em um experimento, os pesquisadores compararam restos de comida carregados pelas formigas em diferentes locais de Manhattan, distribuindo porções iguais em parques urbanos e canteiros centrais de ruas e avenidas. As formigas foram servidas com um lanche nova-iorquino típico: cachorro-quente, batatas fritas e um biscoito de sobremesa. Ao mesmo tempo, os pesquisadores mediram a variedade de espécies de formigas e outros animais urbanos de pequeno porte nos mesmos locais, e concluíram que havia mais formigas nos canteiros centrais das ruas do que nos parques.

É sabido que em outros sistemas naturais a coleta de alimentos é mais efetiva quanto mais diversidade de espécies houver, e por isso os pesquisadores esperavam que as formigas dos parques comessem mais restos de alimentos que as dos canteiros, mas em Manhattan o resultado foi o oposto: as formigas dos canteiros consumiram o dobro de restos de comida. Isso pode ter várias razões: em primeiro lugar, os canteiros são mais quentes. Para as formigas, animais de sangue frio, tudo vai melhor quando a temperatura é mais alta.

Em segundo lugar, uma formiga da Europa, *Tetramorium caespitum*, tomou gosto pela dieta norte-americana. Ela era bem mais comum nos canteiros que nos parques, e quando estava presente a comida desaparecia numa velocidade três vezes maior. Em outras palavras, as condições ambientais e uma espécie individual provaram ser mais importantes do que a diversidade de espécies quando o assunto são os resíduos alimentares de Nova York.

As *Tetramorium* são territoriais e, como outras gangues urbanas, defendem ferozmente seu pedaço de chão contra qualquer invasor que ouse pôr os pés ali. Mas as gangues de formigas não estão sozinhas nas ruas de Manhattan. Há incidentes violentos bem mais frequentes envolvendo gangues de ratos, que são menores em quantidade, porém maiores em tamanho. Eles também querem seu quinhão de restos de comida. Para nós, que somos maiores em tamanho, o conflito dessas gangues tem sua relevância. Ratos e camundongos contribuem de forma positiva comendo os restos de alimentos que desprezamos, mas ambos são conhecidos vetores de doenças, diferentemente das formigas. Por isso, elas são melhores para recolher restos de comida pela cidade.

Já passa da hora de perceber que até as nossas cidades são pequenos sistemas naturais, nos quais os pequenos e rastejantes insetos são um elemento essencial. Somente o canteiro central da Broadway abriga treze diferentes espécies de formigas. Ao todo, são mais de quarenta espécies vivendo em Nova York, dois terços da totalidade de espécies de formigas existentes na Noruega. Uma vez que a maior parte da população mundial hoje vive nas cidades, deveríamos passar mais tempo pesquisando o funcionamento do nosso ecossistema urbano.

A questão é que a natureza urbana também contribui significativamente para os ecossistemas. As árvores fornecem sombra, abafam o ruído e limpam o ar. Áreas verdes absorvem o excedente de água depois de pancadas de chuva e impedem inundações. Espelhos d'água ajudam a resfriar a temperatura, e as espécies existentes em reservatórios ajudam a filtrar a água potável e torná-la mais limpa. Qualquer pedaço de chão, por menor que seja, pode servir de lar para uma quantidade infinita de insetos que polinizam as plantas, dispersam sementes ou ajudam a limpar as ruas — como as formigas.

Em Oslo, os economistas também estudam os serviços e o valor dos ecossistemas urbanos. Um estudo que mediu a importância das áreas verdes internas e no entorno da capital norueguesa, inclusive para a diversão e para a saúde dos seus habitantes, chegou a uma soma de bilhões de dólares, e isso sem computar o valor da contribuição trazida pelas formigas.

Com mais conhecimento sobre ecologia urbana, podemos planejar e manter melhor nossas cidades. Mesmo algo tão singelo quanto um canteiro central é importante, pois lhe fornece abrigo e garante uma vida mais feliz — se você for uma formiga corajosa morando em Manhattan.

Uma mosca na defensiva

Não há nada de extraordinário em carrocinhas de cachorro-quente. Mas na natureza há outros tipos de carne morta de que precisamos nos ver livres. Imagine todos os animais, pequenos ou grandes, que perecem e jazem pelo chão. Não seria nada bom se esses restos não fossem reciclados imediatamente.

Do ponto de vista dos insetos, cadáveres são uma boa fonte de alimento — não se esquivam e não têm como se defender. Mas tudo é uma questão de ser rápido, pois carcaças de animais são uma fonte nutritiva importante e por isso muito cobiçada, e a concorrência inclui uma grande variedade de espécies diferentes e de todos os tamanhos. Aqui, os insetos disputam na categoria peso-mosca, literalmente falando, na luta contra pesos-pesados, como raposas, corvos, urubus e hienas, por exemplo. Um truque é não colocar ovos diretamente na carcaça, mas sim larvas recém-eclodidas, como fazem algumas moscas do gênero *Sarcophaga*. Outro truque é engolir bem depressa, crescer mais depressa ainda e ser flexível em relação ao tamanho que precisam alcançar para tornarem-se pupas.

Esconder a carcaça, enterrando-a no chão, é outra ideia criativa. Os belos besouros *Nicrophorus*, de casco preto com marcas vermelhas, são mestres em encenar esse número de desaparecimento. Eles trabalham em pares, escavando a terra e depositando-a sobre a carcaça, e ao final de um dia podem sepultar um rato morto. Debaixo da terra, empacotam a carcaça na forma de uma bola e ali põem seus ovos. Apesar da escolha um tanto estranha para criar os filhos, os besouros *Nicrophorus* são pais zelosos. Eles mastigam pedaços de carniça e os regurgitam na boca das larvas, que de início não conseguem digerir a carniça sozinhas — um dos poucos exemplos de cuidados parentais entre os insetos (ver também os insetos sociais – p. 37).

Os cavadores de sepulturas têm bons amigos que não são insetos. Quando os besourinhos deixam o cadáver onde nasceram, um grupo de pequenos ácaros monta sobre suas costas e pega uma carona até a próxima carcaça. Os ácaros são de uma espécie que depende desses besouros para sobreviver, pois não sabem voar e precisam da carona para chegar ao corpo de outro animal recém-morto. Em retribuição, eles devoram larvas de moscas concorrentes que por acaso tenham chegado e se intrometido por ali.

O batalhão que se encarrega de decompor cadáveres pertence àquele grupo de insetos que nunca é reconhecido. Ao contrário das abelhas, por exemplo, os insetos saprófagos não contam com entusiastas reunidos em clubes de estudo. Mesmo assim, são animais extremamente importantes.

No Sudeste Asiático, as pessoas aprenderam a duras penas a falta que esses insetos fazem. Estamos falando do irmão gigante da mosca saprófaga, se pudermos assim considerá-lo, detentor de uma péssima reputação para a maioria das pessoas: o urubu. De qualquer forma, o argumento é o mesmo. Na virada do milênio, o medicamento diclofenaco foi introduzido na Índia para o tratamento de bovinos. Ao longo de quinze anos, cerca de 99% dos urubus do país desapareceram, pois o princípio ativo do medicamento acabava contaminando as aves, que se alimentavam de carcaças de vacas doentes e morriam de insuficiência renal. Embora os insetos que se alimentam de carne putrefata trabalhem em alta velocidade, não eram suficientes para processar tamanha quantidade de matéria-prima, e o resultado foram carcaças e carcaças de bois e vacas abandonados pelo chão. Uma vez que não havia mais os urubus, outra espécie de animal saprófago adentrou o cenário: cães selvagens. Bandos de cães selvagens, muitos deles infectados com vírus da raiva, alastraram-se exponencialmente. O aumento do número de cães selvagens, decorrente do declínio de urubus que ajudavam a decompor os cadáveres de animais mortos, resultou em 48 mil óbitos por raiva humana.

Insetos saprófagos podem até ajudar a polícia, pois existe um padrão de espécies que chegam a um cadáver, e isso pode ser usado para elucidar crimes. Consta que a primeira vez que insetos ajudaram a implicar um assassino teria sido numa pequena aldeia chinesa, no ano 1235. Um homem foi brutalmente assassinado com uma foice, e os fazendeiros locais foram convocados para uma assembleia, cada um levando sua própria foice. O investigador deixou-os esperando, e, como era um dia quente e ensolarado, não tardou para as moscas darem o ar da graça. Quando um enxame de moscas pousou na mesma foice, o fazendeiro ficou tão assustado que confessou o crime ali mesmo. Com seu olfato absoluto, as moscas foram atraídas pelos vestígios de sangue, embora a foice tivesse sido lavada.

Hoje em dia os métodos são mais sofisticados, mas os fundamentos são os mesmos. Os insetos surgem num cadáver obedecendo a uma determinada ordem e segundo certa lógica, e isso pode ser usado para estimar a hora e, em certos casos, até a causa da morte. Diversas substâncias químicas, como veneno e cocaína, podem afetar a velocidade com que os insetos fazem a decomposição do cadáver.

Além disso, há a distribuição geográfica das espécies. Saber exatamente onde essas espécies ocorrem pode revelar se um corpo foi transportado ou se a morte ocorreu naquele mesmo lugar. Assim foi o caso de um cadáver encontrado numa lavoura de cana-de-açúcar no Havaí. As larvas mais antigas encontradas nele pertenciam a uma espécie de mosca que ocorre sobretudo em áreas urbanas. Descobriu-se que o corpo fora mantido num apartamento em Honolulu durante dias, antes de ser desovado na lavoura de cana.

Os insetos também podem ajudar a desvendar crimes de forma mais indireta. Insetos esmagados na grade do motor de um carro foram usados para prender um assassino nos Estados Unidos. Ele alegou que estava na costa leste quando ocorreu o assassinato de sua família, na Califórnia, mas as espécies encontradas em seu carro só existiam na costa oeste.

Quando a natureza chama, os insetos respondem

Todos os animais expelem resíduos alimentares na forma de fezes. O esterco de animais de maior porte, como os mamíferos, representa uma grande quantidade de biomassa. As fezes podem conter nutrientes úteis, mas também podem conter uma grande quantidade de bactérias, parasitas patogênicos e outras coisas das quais o corpo quer se ver livre, e portanto se alimentar desse material não é para qualquer um. Mas há insetos que topam tudo. Especialmente para besouros e moscas, as fezes são uma boa opção do cardápio. Para este grupo de insetos são necessárias certas habilidades especiais, como olfato apurado e reflexos rápidos. Quando é chegada a hora de dividir a ração, o que vale é partir na frente para garantir uma fatia do bolo.

Alguns desses comensais, como a mosca-dos-chifres, são conhecidos por pôr seus ovos nas fezes antes mesmo de o animal ter terminado de defecar. É arriscado, mas o que não fazemos para garantir a sobrevivência das crianças? Afinal, o esterco mais fresco estará mais rente ao solo e se mantém quente por mais tempo. Há uma boa razão para se usar a expressão "vendendo bem como esterco quente": um estudo aponta que, em cerca de 15 minutos, um total de 4 mil besouros atiram-se sobre apenas meio litro de fezes de elefante. Outros estudos descobriram que, após algumas horas, meio quilo de cocô de elefante desapareceu da face da Terra como resultado do trabalho eficiente de 16 mil besouros coprófagos, isto é, que se alimentam de esterco.

Besouros desse tipo têm três estratégias principais: podem ser inquilinos, cavadores de túneis ou roladores. Os inquilinos preferem viver no meio da comida. Enfiam-se no esterco e lá vivem felizes para sempre, comendo e depositando seus ovos. Muitos dos besouros noruegueses da subfamília *Aphodiinae* pertencem a essa categoria. Mas quem opta por morar nessas condições corre um certo risco. Ninguém sabe quantos outros estarão pondo seus ovos no mesmo local, e na pior das hipóteses as larvas irão se devorar umas às outras para não morrer de fome.

Uma maneira de evitar isso é construir um apartamento separado para os filhotes, com refeitório próprio. É a técnica dos cavadores de túneis. Eles escavam túneis debaixo ou ao lado do monte de cocô; túneis que podem medir poucos centímetros ou até mesmo um metro de comprimento, e resultam do esforço conjunto de papai e mamãe besouro, que levam para lá bolinhas ou salsichas de cocô para alimentar suas larvas.

Neste grupo encontramos o escaravelho azul-escuro (*Geotrupidae*), que o norueguês Alf Prøysen imortalizou no poema "Tordivelen og flue" (*O escaravelho e a mosca*).

A variante mais avançada, digamos, são os roladores, que pegam a comida e vão embora. Eles compactam as fezes alheias numa bola, que chega a pesar 50 vezes mais que o próprio besouro, e a empurram rolando, sempre em linha reta, quer o Sol brilhe no céu, quer seja uma noite estrelada. Como eles conseguem isso?

Alguns pesquisadores abusaram da criatividade e caíram em campo para tentar descobrir: alguns "vestiram" a cabeça dos besouros com uma espécie de boné para protegê-los do Sol. Outros manipularam a posição do Sol e da Lua com o uso de grandes espelhos. Mas a mais criativa foi uma entomologista que realizou a experiência dentro do Planetário de Joanesburgo e demonstrou que os besouros rola-bosta podem usar a Via Látea como referência. Orientar-se pela posição dos astros é algo que até então só era conhecido por seres humanos, focas e algumas aves. Em suma, a pesquisa mostrou que os besouros rola-bosta podem usar a posição do Sol e da Lua, a luz polarizada e até a Via Láctea para manter seu curso sem desviar.

Esses besouros vêm fascinando a humanidade há milhares de anos. O *Scarabaeus sacer* tinha um lugar de destaque na mitologia egípcia. Quando os antigos egípcios os encontravam rolando bolinhas de cocô pelo caminho, lembravam-se do trânsito do Sol pelo céu. Para eles, o besouro era "o escaravelho sagrado", símbolo de Kheper, o deus do sol nascente. Esse deus-inseto ora é retratado como besouro, ora como ser humano com cabeça de escaravelho.

Os egípcios também constataram que os escaravelhos estavam entre os primeiros seres vivos a emergir das margens lamacentas do Nilo depois das enchentes da primavera. No exato local onde os besouros adultos enterravam suas bolas de cocô no chão, surgia, semanas depois, uma nova leva de besouros. A partir disso, a associação do escaravelho-sagrado com a renovação e o renascimento ocorreu naturalmente. Amuletos de escaravelhos eram comuns tanto em pessoas vivas como adornando múmias.

Talvez os egípcios tenham se inspirado nos besouros para desenvolver suas técnicas de mumificação. Afinal, o que pode ser mais parecido com a pupa de um inseto que uma múmia? Já se sugeriu, talvez até em tom de brincadeira, que as pirâmides são representações sagradas de montes de esterco, onde o faraó morto é como uma pupa mumificada aguardando a transformação que lhe possibilitará renascer.

Cocô multiuso

O esterco pode ter diversas finalidades. Muitas culturas ainda usam esterco seco de vaca como combustível ou argamassa de construção. Também no mundo dos insetos podemos encontrar exemplos de uso criativo dos excrementos. Que tal uma peruca de cocô, por exemplo? O besouro *Hemisphaerota cyanea* vive em palmeiras-anãs na Flórida e em estados vizinhos. Enquanto a larva mastiga a folha da palmeira, uma série de cachos dourados vai se formando no seu extremo oposto. A larva acomoda esses cachos nas costas e vai formando uma peruca, bem semelhante ao topete do presidente Donald Trump. O objetivo da tal peruca é obviamente defender-se de predadores — mesmo que esteja com fome, você não vai querer encher a boca de cabelos, muito menos de cabelos feitos de cocô.

Larvas de vários besouros usam técnicas parecidas; em vez de se cobrirem de cachos dourados, procuram na verdade assustar o inimigo. A *Cassida viridis*, besouro verde-claro semelhante a uma joaninha, é bastante comum na Noruega. Suas larvas vão acumulando pele e bolinhas pretas de esterco até formar uma espécie de tenda ou guarda-sol, que mantêm preso ao corpo por uma espécie de "garfo anal" — "anal fork", na expressão inglesa. Se um inimigo se aproximar, a larva aponta o guarda-sol de cocô na sua direção, e é melhor que ele mantenha distância. O guarda-sol também pode conter substâncias tóxicas que a larva produz a partir das folhas que ingere.

Os besouros da subfamília *Cryptocephalinae* são ainda mais sofisticados. Seus filhotes são equipados com o que parece ser um *trailer* feito de dejetos: a mãe põe os ovos em um belo recipiente que constrói a partir das próprias fezes. Quando os ovos eclodem, as larvas esticam o pescoço e as patas e assim podem levar consigo a própria moradia por onde forem. À medida que defeca, a larva vai aumentando a casa de modo a que não lhe falte espaço. Quando é hora de se tornar uma pupa, tudo que precisa é voltar para dentro do *trailer* e fechar as portas. Ali dentro ela estará em segurança até se transformar em um besouro adulto e começar tudo outra vez.

Um ecossistema inteiro no pelo

Há quem ache o bicho-preguiça um animal fofinho. As preguiças costumam ser retratadas nos desenhos animados como um animal lento, bonachão e sorridente. Eu mesma já estive cara a cara com uma preguiça certa vez, em plena selva, e, na minha opinião, ela não é um bicho fofinho coisa nenhuma.

Eu estava numa aldeia no interior da Nicarágua, sentada em um terreno baldio de terra nua, na fímbria da floresta. Chovia a cântaros. Ouvi um barulho atrás de mim e me virei na direção da mata. A poucos metros de distância, devagar, bem devagarinho, com o olhar fixo em mim, a criatura mais estranha que jamais encontrei na vida veio rastejando ao meu encontro, encharcada dos pés à cabeça. Já se passaram mais de trinta anos, mas lembro bem o que pensei naquela hora: "Deus do céu, parece um mutante depois de um bombardeio nuclear!".

Depois de vários anos de muito estudo, concluí que aquela aparição foi um episódio muito raro.

Preguiças são dos poucos mamíferos inteiramente arbóreos que existem, e passam o mínimo de tempo no solo. Uma vez por semana é hora de fazer as necessidades e, por estranho que pareça, precisam descer até o chão. Elas correm mais perigo porque são incrivelmente lentas e mal conseguem se defender.

A última coisa que pensei foi contar os dedos das patas dianteiras daquela criatura assustadora que me encarava com olhar fixo. Hoje eu sei que existem dois grupos de preguiças: de dois e de três dedos, com algumas poucas subespécies em cada grupo. As espécies de dois e de três dedos são bem diferentes. Aqui vamos tratar das preguiças de três dedos.

Na ocasião eu não me aproximei do animal para procurar mariposas naquele pelo marrom-esverdeado, e hoje me arrependo disso – as preguiças mantêm um ecossistema inteiro na pelagem, algo que só descobrimos recentemente.

Por que as preguiças de três dedos se arriscam a descer para ir ao banheiro no chão da floresta, em vez de fazer as necessidades na copa das árvores onde vivem? Além disso, elas gastam 8% de sua ingestão diária de calorias nesse deslocamento. Para correrem o risco de serem comidas? Os pesquisadores há muito tempo se perguntam por quê. Talvez para fertilizar as árvores em que vivem, ou, quem sabe, se comunicar com outras preguiças por meio de suas latrinas?

Nada disso. Na pelagem da preguiça de três dedos vive uma mariposa, cujo nome em inglês é um belo trocadilho com o nome do seu hospedeiro: "sloth moth" (mariposa-preguiça). Assim que a preguiça faz suas necessidades, a mariposa sai do pelo e põe os ovos nas fezes. As lagartas vivem alguns dias ali preguiçosamente, e quando se tornam adultas só precisam esperar a próxima ida ao banheiro para se mudarem para um local seguro e aconchegante: o pelo da preguiça.

Agora a coisa fica mais intrigante. Por que a preguiça colocaria sua vida em risco apenas para ser gentil com uma mariposa? Deve haver alguma vantagem para a preguiça nessa relação.

As borboletas também defecam, morrem e se decompõem na pelagem da preguiça, e isso deixa seu pelo rico em nutrientes e favorece o crescimento de uma espécie de alga — que só existe no pelo da preguiça e em nenhum outro lugar do mundo, diga-se de passagem. O bicho-preguiça come essa alga ao lamber a própria pele, e ela tem uma vantagem significativa: contém nutrientes importantes que a preguiça não consegue obter com sua dieta exclusivamente herbívora. Além disso, as algas funcionam como camuflagem.

Portanto, a mariposa faz bem às algas, as algas fazem bem à preguiça, a preguiça faz bem à mariposa. Eis aqui nosso pequeno ecossistema — no pelo de uma preguiça.

Em outros animais de grande porte também há insetos que descobriram que é melhor estar perto da fonte do que ficar à procura de cocô fresco pelo resto da vida. Tanto entre os cangurus como entre nossos primos peludos, os primatas, existem besouros que fixam moradia no pelo próximo ao ânus desses animais. Portanto, caso você nunca tenha se dado conta, há certas vantagens em não ter um traseiro coberto de pelos.

Afundando na merda

Em 1788, a primeira vaca pôs seus quatro cascos em território australiano. Chegou acompanhada de uma comitiva bem heterogênea, integrada por 39.184 homens, mulheres e crianças — a maioria presos sentenciados —, bem como 87 galinhas, 35 patos, 29 ovelhas, 18 faisões e outros bichos em menor quantidade. Com isso, os 40 mil anos de isolamento dos aborígenes chegava ao fim, e também o isolamento da vida animal e vegetal — apartada no continente australiano desde a separação da Antártida, ocorrida entre 40 e 85 milhões de anos atrás. Assim sendo, a Austrália estava repleta de espécies que não existiam em nenhum outro lugar do planeta — 84% dos mamíferos e 86% das plantas australianas eram únicos.

As quatro vacas e os dois bois transportados na primeira nau europeia pegaram carona no meio do percurso, mais exatamente na Cidade do Cabo, e eram da raça zebu, acostumada ao clima quente. A responsabilidade de cuidar dos animais ficou a cargo de um prisioneiro chamado Edward, que recebeu a recomendação expressa de não deixá-los sumir de vista. Porém, poucos meses depois, as vacas desapareceram. Sumiram do mapa enquanto o encarregado de cuidar delas jantava.

Foi uma grande catástrofe. As quatro vacas serviriam não apenas como matrizes, mas também forneceriam leite, e os recém-chegados não conheciam nenhuma planta comestível na Austrália. Embora tivessem trazido sementes, não tinham experiência alguma com lavouras e não estavam particularmente interessados em aprender. Nem mesmo pescar sabiam direito. As provisões diminuíram aceleradamente, mesmo diante do racionamento severo.

Grande foi a alegria quando, poucos anos depois, encontraram as vacas — que, entretanto, haviam se tornado um rebanho inteiro. Elas se deram muito bem nos pastos australianos.

Alguns séculos depois, a alegria deu lugar ao desespero. Afinal, o que fazem as vacas? Comem, mastigam, arrotam e defecam, sem parar, em quantidades enormes. Uma vaca produz até nove toneladas de esterco por ano — e aqui consideramos o esterco seco. Em um ano, o cocô de uma única vaca é suficiente para cobrir uma área correspondente a cinco quadras de tênis. Quando as vacas vão bem, elas se reproduzem, e com isso vão cobrindo de esterco tudo ao redor.

Por volta de 1900, havia mais de um milhão de cabeças de gado na Austrália. Mas quem iria limpar a sujeira que faziam? Chegamos aqui ao que interessa nesta história: não havia besouros na Austrália que pudessem decompor as fezes das vacas. Sim, claro que havia besouros nativos que se alimentavam de esterco — mas durante milhões de anos acostumaram-se a lidar apenas com fezes secas, de marsupiais. Eram besouros que não tinham o menor gosto por um prato estrangeiro, como o cocô fresco e pastoso dos zebuínos.

As únicas que demonstravam apetite pelo cocô eram as moscas. Na Austrália vive uma espécie que lembra a nossa mosca doméstica, exceto por não viver em casas, mas em outros locais, especialmente onde há um verdadeiro tapete de cocô forrando o chão. O que se seguiu foi uma enorme proliferação dessas e de outras espécies de moscas, que adoram infernizar a vida tanto dos animais domésticos como de seres humanos.

Vale mencionar que essas moscas não enterram as fezes, elas continuam espalhadas pelo chão; as fezes ressecam, criando uma crosta que impede a germinação até de capim. Como resultado, a cada ano uma área agrícola de até 2 mil quilômetros quadrados tornava-se deserta e infértil. Na década de 1960, quase dois séculos depois da introdução da primeira vaca na Austrália, extensos lotes de terra estavam abandonados devido ao esterco que não era decomposto.

Foi aí que outros besouros entraram em cena. Elaborou-se um plano de larga escala, financiado pelo governo e pelos pecuaristas. Ao longo de quinze anos, entomologistas australianos estudaram uma grande quantidade de espécies e, depois de testes rigorosos, liberaram na natureza 1,7 milhão de indivíduos de 43 espécies de besouros rola-bosta.

O projeto foi um sucesso, e mais da metade das espécies conseguiu se estabelecer no território. O esterco desapareceu e a praga das moscas diminuiu dramaticamente. Antes, apenas uma fração (15%)

do nitrogênio do esterco era devolvido ao solo. O batalhão de insetos lixeiros conseguiu elevar esse número para 75%. Esse exemplo mostra didaticamente a importância dos insetos decompositores para a natureza e para nós, humanos.

É importante mencionar que para o grupo dos besouros coprófagos (que se alimentam de fezes) as coisas não vão tão bem. Globalmente falando, 15% dessas espécies estão ameaçadas de extinção. Na Noruega, mais da metade dos besouros coprófagos estão na lista vermelha, isto é, estão ameaçados ou correm risco de extinção, e 13 espécies provavelmente já desapareceram da face da Terra. É especialmente no sul do país que os besouros noruegueses agonizam — hábitat de espécies que dependem de fezes frescas, aquelas largadas na areia ou num pasto, durante um dia de sol quente de verão. A mudança nos métodos agrícolas é a grande responsável pelo desaparecimento desses besouros, uma vez que os pastos vêm deixando de ser utilizados e acabam cobertos por capim.

Outro problema é o vermífugo de amplo espectro Ivermectina, aplicado em vacas em todo o mundo. Sabe-se que o princípio ativo acaba indo parar nas fezes do gado e mata os coprófagos em busca de alimento, com sérias implicações tanto para a biodiversidade como para a decomposição do esterco.

Pesquisando ocos de carvalho

É dura a vida em ocos de carvalho. A pesquisa que conduzimos mostra que insetos que vivem em troncos de carvalho estão travando uma luta inglória pela sobrevivência. Alguns deles ocorrem em pouquíssimos locais, talvez apenas em alguns troncos. Essas espécies estranhas preferem viver em áreas com abundância de troncos grossos e expostos ao sol, árvores repletas de bolor no interior da madeira. Carvalhos nessas condições são muito raros.

Com outros pesquisadores e colaboradores eu venho investigando a vida dos insetos em ocos de carvalho há mais de dez anos. Já catalogamos mais de 185 mil indivíduos de diversas espécies de besouros, de 1.400 espécies distintas. Alguns deles são extremamente especializados e só vivem em árvores ocas, de preferência carvalhos. Cerca de cem espécies nessas condições estão ameaçadas ou em sério risco de extinção na Noruega.

Atualmente os carvalhos ocos são protegidos por uma lei própria na Noruega, que os designa como "hábitat natural específico", justamente devido à biodiversidade que contêm. Esse status jurídico prevê cuidados especiais para evitar danos a essas árvores. Estou envolvida em um programa nacional para monitorar as condições e o desenvolvimento dessas árvores. Com sorte, passaremos também a acompanhar o estado dos insetos que vivem nelas.

Se quisermos garantir a sobrevivência dessas espécies e proteger a biodiversidade, é preciso saber quantos carvalhos ainda existem. Nossa pesquisa indica que a exploração madeireira do carvalho ocorrida há séculos ainda tem reflexos nas espécies de besouros que habitam as árvores hoje em dia. É provável que estejamos testemunhando uma reação retardada, conhecida como "débito de extinção", em que as espécies resistem durante um tempo após a destruição de um hábitat, mas acabam sucumbindo ao final.

É preciso evitar também o crescimento populacional em torno dos carvalhos isolados. Muitos dos insetos mais especializados vivem melhor se o sol incidir no tronco da árvore e aquecê-lo o suficiente.

Também devemos pensar em longo prazo e garantir o surgimento e o crescimento de novos carvalhos ocos, antes que as velhas árvores de hoje desapareçam por completo.

Não é preciso muito tempo para remover um carvalho oco que fica no meio do caminho e impede o progresso — seja ele na forma de novas estradas ou condomínios. Bastam cinco minutos de serra elétrica, e um colosso que brotou ainda nos tempos da peste negra, que testemunhou o princípio e o fim do Renascimento e da Revolução Industrial, tombará no chão. No entanto, um carvalho do mesmo porte demorará 700 anos para crescer ali. Onde os insetos poderão morar nesse ínterim?

CAPÍTULO 7

DA SEDA À TINTA — PRODUTOS DERIVADOS DE INSETOS

Ao longo da história, os insetos nos legaram vários produtos essenciais e alguns deles mantêm essa importância até os dias de hoje. Alguns são bem conhecidos, como o mel e a seda. De outros, talvez, você nunca tenha ouvido falar, ou jamais pensou que derivam de insetos — como a cor vermelha da sua geleia de morango ou a superfície lustrosa das maçãs no supermercado.

Como sempre, quando falamos de insetos, os números são desconcertantes. Mesmo o 1,5 bilhão de cabeças de gado do planeta não faz jus se considerarmos a quantidade de insetos que nos beneficiam. Em todo o mundo, mais de 80 bilhões de abelhas melíferas trabalham a nosso serviço, de acordo com as estatísticas da Organização das Nações Unidas para a Alimentação. A cada ano, mais de 100 bilhões de bichos-da-seda sacrificam suas vidas para nos dar um tecido macio e valorizado.

Asas de cera

Abelhas melíferas fazem mel, é claro, como mencionamos no capítulo 5. Mas também produzem cera, uma massa macia que tem origem nas glândulas especiais que têm no abdome. A cera é utilizada para construir berçários para as larvas e depósitos para guardar o mel. Além disso, a cera de abelha tem diversas aplicações para nós, seres humanos, e é protagonista numa narrativa da mitologia grega bastante conhecida.

Dédalo e seu filho Ícaro escapam da ilha de Creta com a ajuda de asas que Dédalo construiu colando penas de pássaros com cera de abelha. Antes de partir, Dédalo adverte o filho sobre o perigo de dois vícios: soberba e preguiça. Se não se esforçar o bastante, Ícaro voará muito baixo e as ondas do mar o engolirão. Se for tomado pela húbris, excesso de autoconfiança, e não se der conta dos próprios limites, ele voará muito alto e o Sol tratará de derreter a cera de abelha que mantém suas asas inteiras (um psicólogo talvez diga neste trecho que caberia melhor ao pai dizer *exatamente* ao filho o que fazer, em vez de especular sobre caminhos que levariam à catástrofe). De todo modo, naquele tempo os jovens tampouco davam ouvidos ao que diziam os pais. Ícaro aproximou-se demais do Sol, a cera derreteu e ele espatifou-se no mar. Em sua memória existem o mar Icário, um trecho do Egeu, e a ilha Icária.

Hoje em dia não fazemos asas com cera de abelha, mas sim velas e cosméticos. Historicamente, a igreja católica foi uma grande consumidora do produto, pois as velas usadas durante a missa tinham, obrigatoriamente, de ser de cera de abelha. A vela de um branco pálido simbolizava o corpo, e o pavio no meio representava a alma de Jesus. A chama que arde no pavio da vela acesa nos dá a luz, enquanto a cera queima e se esvai — a exemplo de como Jesus deu sua vida por todos os seres humanos. Apenas a mais pura das ceras podia ser usada para a fabricação das velas, e aqui os insetos levavam a melhor: uma vez que seu acasalamento nunca era observado, acreditava-se que as abelhas eram virgens em perpétua abstinência sexual. Somente no século XVI esse mal-entendido foi esclarecido, mas ainda hoje as normas da igreja católica dizem que as velas precisam conter pelo menos 51% de cera de abelha.

Na indústria cosmética, o uso de cera de abelha tem aumentado. Cremes, pomadas, loções e cera de depilar. O mel também é bastante usado em cosméticos. Se você está pensando em fazer uma máscara caseira no rosto à base de mel, saiba que está em companhia muito nobre: Popeia, esposa do imperador romano Nero, que não tinha acesso aos refinados cosméticos franceses de hoje em dia, elaborava suas máscaras faciais misturando mel com leite de jumenta. Neste caso, não havia problema se um pouco do creme escorresse sobre os lábios. De fato, a cera de abelha é um excelente bálsamo labial quando misturada a óleos vegetais.

A cera de abelha também contribui para deixar maçãs, laranjas e melões maduros e apetitosos por mais tempo, além de realçar seu brilho. Assim como a laca (p. 137), a cera de abelha, mais conhecida na indústria alimentícia como E901, é aplicada sobre as frutas, nozes e até mesmo sobre pílulas de suplementos alimentares. Atualmente, boa parte da cera de abelha retirada de colmeias é reutilizada em tábuas para construir colmeias, uma espécie de mimo para retribuir o trabalho das valorosas abelhas.

Seda, tecido de princesa

A seda é ondulada e resistente, porém leve, fresca ao contato com a pele e com um brilho único. Um tecido exclusivo. Não é de estranhar, portanto, que a seda — a lagarta da mariposa *Bombyx mori*, comumente chamada de bicho-da-seda — fosse por muito tempo reservada exclusivamente para o uso na casa imperial da China.

A história da seda é uma verdadeira aventura das Mil e Uma Noites — exótica, cruel, com limites muito tênues entre o que é mito e o que é verdade factual. Duas mulheres fortes têm um protagonismo nessas narrativas. Tudo começou em 2600 a.C., quando a princesa chinesa Lei-Tsu tomava seu chá debaixo de uma amoreira nos jardins do palácio, e o casulo de um bicho-da-seda caiu do galho dentro da xícara de chá. Lei-Tsu tentou tirá-lo dali, mas o calor derreteu o casulo que se transformou num fio maravilhoso, tão comprido que serviu para cobrir todo o jardim. Dentro do casulo havia uma pequena lagarta. Lei-Tsu imediatamente percebeu o que poderia ser feito com aquilo e conseguiu permissão do imperador para plantar amoreiras e cultivar bichos-da-seda. Ela ensinou às mulheres da corte a enrolar a seda num único e firme fio, firme o bastante para resistir ao tear, estabelecendo as bases da indústria de seda chinesa.

A produção de seda tornou-se um importante fator cultural e econômico da China durante milhares de anos. O país ainda é o maior produtor mundial, e hoje os casulos são colocados em água fervente para matar as pupas e liberar os finos fios de seda.

A China guardou a sete chaves os segredos da seda por muito tempo. Com o passar dos anos, foram abertas vias comerciais entre a China e os países do Mediterrâneo, chamadas Rotas da Seda. A seda era um produto de extrema importância, e os romanos a adoravam! Porém, algumas pessoas consideravam imoral aquele tecido inovador e quase transparente. Alguns chegavam a dizer que os vestidos de seda eram quase um convite ao adultério, já que escondiam tão pouco.

Seja como for, podemos especular se os romanos achavam indecente o tecido em si ou a enorme quantidade de ouro que o Império Romano pagava pela importação da seda, pois o monopólio chinês na produção rendeu divisas vultosas ao país. Sendo assim, era estritamente proibido espalhar o segredo chinês: tentativas de contrabandear lagartas ou ovos de bicho-da-seda para além das fronteiras da China eram punidas com a morte.

Finalmente o mistério foi desvendado, e mais uma vez, segundo reza a lenda, as mulheres tiveram um papel central na história. Diz-se que uma princesa chinesa se casou com o príncipe de Khotan, um reino budista a oeste da atual China, situado ao longo da Rota da Seda. Ao partir, escondidos em seu cabelo meticulosamente arrumado, a princesa contrabandeou ovos de bicho-da-seda e sementes de amoreira. Dessa forma o segredo se espalhou, o monopólio da China foi quebrado e vários outros países passaram a produzir o tecido. Hoje, mais de 200 mil toneladas de seda são utilizadas anualmente na produção de roupas, pneus de bicicleta e fios de sutura cirúrgicos. No centro da produção está a lagarta do bicho-da-seda, embora algumas espécies correlatas também sejam empregadas.

Pendurado por um fio

Entre os insetos, as lagartinhas do bicho-da-seda não são as únicas que sabem tecer. Essa habilidade pode ter surgido mais de vinte vezes ao longo da história da evolução, e apenas nos insetos: as *Chrysopidae* prendem seus ovos a pequenos bastões de seda. Parecem pequenos cotonetes com os ovos na extremidade, longe do alcance de formigas e outros insetos. As larvas de tricópteras tecem redes de seda ao longo de cursos d'água, nos quais capturam pequenos animais para comer. As larvas de certas variedades de mosquitos também tecem teias de seda que usam para coletar esporos fúngicos ou até capturar pequenos insetos. Algumas dessas larvas são inclusive bioluminescentes e emitem uma luz verde-azulada, ainda que não saibamos exatamente por quê. Ao contrário das larvas de mosquitos luminescentes nas cavernas da Nova Zelândia, predadoras que usam a luz para atrair a comida para suas redes, as espécies europeias de *Keroplatus* contentam-se em obter a proteína de que precisam de esporos de fungos, sem que se saiba por que precisam de luz para isso.

Os machos das moscas-dançarinas (*Empididae*) usam a seda para embalar um "presente" para o desjejum das fêmeas. Os machos não são sequer predadores — vivem pacificamente com uma dieta de néctar —, mas o que não são capazes de fazer por suas amadas ávidas por um pouco de proteína animal? Sim, eles capturam um inseto (preferencialmente outro macho, para reduzir a competição pelas fêmeas — e assim matam duas moscas com um só golpe, por assim dizer), e embalam a presa lindamente num pacotinho da seda que produzem em glândulas nas patas dianteiras. Um pretendente levando um presente que ele mesmo cuidou de embalar... Que romântico! Mas, na prática, não é nada disso. Esse comportamento ilustra apenas a evolução atuando, como de costume. Uma teoria diz que quanto maior o presente e, logo, quanto maior a embalagem, mais tempo durará a cópula, ou seja, mais espermatozoides serão transferidos e maior será a chance de o macho perpetuar seus genes. Para a fêmea, vem muito bem a calhar uma quantidade extra de proteína, pois a postura de ovos implica em grande dispêndio de energia.

Mesmo assim, sempre há aqueles que querem levar vantagem sem fazer o menor esforço. Alguns machos dão de presente um balão de seda vazio, e aí se apressam em copular antes que a fêmea descubra a trapaça.

Uma teia milagrosa

Não podemos falar de seda sem mencionar as aranhas, mesmo que não sejam insetos. Na verdade, elas pertencem ao grupo dos aracnídeos, assim chamado em memória daquela que se transformou na primeira aranha, segundo a mitologia grega: a habilidosa tecelã Aracne. Ela desafiou a própria Atena, deusa grega da guerra e da sabedoria, gabando-se de que suas mãos eram capazes de tecer melhor que ninguém. A punição por tamanha arrogância foi transformar-se em aranha. Aracne teve muitos descendentes: hoje contamos mais de 45 mil espécies de aranhas. A seda não é usada apenas para fazer redes e capturar presas, mas também como uma espécie de compensação para as asas, motivo de inveja das aranhas diante dos seus longínquos parentes, os insetos. Num local arejado, pendendo por um longo fio de seda soprado pelo vento, aranhas pequenas conseguem velejar usando uma técnica toda própria de navegação.

A seda das aranhas tem propriedades impressionantes. É seis vezes mais resistente que o aço em relação ao próprio peso, embora extremamente elástica ao mesmo tempo, e é isso que impede uma mosca mais pesada de romper a teia quando é capturada no voo. Em vez disso, a teia cede, um pouco como os cabos de frenagem que ajudam a deter o pouso de aeronaves em porta-aviões. Um tecido fino de seda de aranha pode, em tese, deter um projétil — pode também ser utilizado para fabricar coletes à prova de balas extremamente leves, capacetes superabsorventes e uma nova geração de airbags nos veículos.

Experimentos mostraram que é possível colher cerca de 100 metros de seda de uma única aranha; o problema é quando começa a aumentar essa escala. Ao contrário das lustrosas e gorduchas lagartas de bicho-da-seda, que não pensam em outra coisa a não ser comer folhas da amoreira e fiar seda crua, as aranhas são predadoras e não têm nenhum problema em praticar o canibalismo, por isso é tão difícil mantê-las em cativeiro com vistas a uma produção de larga escala.

Um belo vestido de seda amarela, tecido a partir do fio de aranhas douradas de Madagascar, estabeleceu um recorde de público quando foi exibido em Londres, em 2012. Não é de admirar, porque a roupa é realmente especial. Precisou de cinco anos de trabalho para ficar pronta. A cada manhã, 80 operários encarregavam-se de coletar novas aranhas, que eram presas a uma pequena máquina, "ordenhadas" para a retirada da seda e libertadas à noite. Foi necessário nada menos que 1,2 milhão de aranhas para o vestido ficar pronto.

Não é difícil entender por que essa produção não é industrializada. Portanto, é preciso encontrar alternativas. Em 2002, as primeiras "cabras-aranha" vieram à luz. Graças à engenharia genética, genes de aranha foram misturados aos de cabras para resultar num leite com proteínas capazes de viabilizar a produção de seda, um feito que ganhou grande notoriedade, mas não teve desdobramentos práticos até o momento.

Pesquisadores suecos também se lançaram na corrida para obter seda sintética de aranha, e recentemente obtiveram um quilômetro inteiro de fio usando proteínas solúveis em água, sintetizadas a partir de bactérias. A solução proteica endurece e se transforma em seda de aranha quando as condições químicas são alteradas, num processo idêntico ao que ocorre nas glândulas das aranhas.

Ainda assim, há um longo caminho a percorrer para produzir essa substância em escala comercial, o que é perfeitamente compreensível, uma vez que as aranhas passaram 400 milhões de anos para chegar aonde chegaram.

700 anos de escrita graças aos insetos

Peças de Shakespeare e sinfonias de Beethoven. Esboços florais de Carl von Linné e desenhos do Sol e da Lua por Galileu Galilei. As sagas islandesas e a declaração de independência dos Estados Unidos. O que tudo isso tem em comum? Todos foram feitos com tinta ferrogálica — uma tinta escura e arroxeada que devemos aos insetos, mais precisamente à pequena vespa-das-galhas. Esses pequenos seres são parasitas de plantas e árvores, e particularmente no carvalho encontramos várias espécies distintas. A vespa-das-galhas excreta uma substância que desencadeia um processo de crescimento anômalo da planta, uma espécie de "câncer controlado" que forma o abrigo onde crescerão suas larvas, e também a despensa de onde retirarão seu alimento.

Há muitas variedades de galhas (ou bugalhos, como também são conhecidas). Um dos tipos mais usados na fabricação de tinta é chamado de maçã de carvalho. Parece de fato com uma maçã pequena, bem redonda e com veios avermelhados — embora esteja presa a uma folha de carvalho.

No interior dessa maçã está a larva da vespa devorando sossegadamente o tecido vegetal, sem precisar se preocupar com eventuais inimigos. Isto é, quase, pois certos parasitas têm seus próprios parasitas. Hóspedes indesejados que aparecem na hora do jantar e se recusam a ir embora — larvas de vespas-das-galhas que invadem a morada alheia porque não sabem construir a própria casa. Pior ainda são as intrusas, que usam seu comprido órgão ovipositor para perfurar a parede da galha e pôr ovos ali, à revelia da larva que é a verdadeira inquilina do local. Como resultado, insetos completamente diferentes podem surgir de dentro de uma galha originada pela vespa.

As paredes das maçãs de carvalho são revestidas com ácido tânico, uma substância que ocorre naturalmente em várias plantas e está associada tanto ao seu casaco de couro quanto ao melhor dos vinhos tintos. O ácido tânico é essencial para curtir couros, e um bom *sommelier* saberá distinguir variedades e métodos de fermentação de um bom vinho pela quantidade de tanino que a bebida tem.

Os primeiros tipos de tinta, à base de fuligem de lamparina, foram feitos na China milhares de anos antes da nossa era comum. A fuligem era misturada à água e à goma arábica, uma borracha natural proveniente das acácias, que mantinha a fuligem suspensa no meio líquido. Até o momento que você se descuidasse e derramasse o chá sobre o papel, arruinando tudo o que havia escrito. A tinta carbônica à base de fuligem era solúvel e facilmente lavável, algo bastante comum de ocorrer, especialmente diante da falta de papiro ou pergaminho.

Mais tarde, as pessoas passaram a fabricar tinta com maçãs de carvalho, misturadas com sal de ferro e goma arábica. A grande vantagem desse novo tipo de tinta era ser indelével, isto é, à prova d'água. Além disso, era mais fluida, sem caroços, e fácil de fazer. Do século X até meados do século XIX, a tinta à base de maçãs de carvalho foi a mais usada no Ocidente.

Se não fosse pela pequena vespa-das-galhas, certamente não teríamos tantos documentos de mestres da Idade Média e do Renascimento ainda conservados e legíveis nos dias de hoje. Se contássemos apenas com a tinta carbônica, muitas ideias, melodias e escrituras teriam sido perdidas para sempre, seja por causa das más condições de armazenamento, seja porque alguém precisasse reutilizar o meio onde estavam registradas.

Carmesim, orgulho dos espanhóis

Os insetos nos dão mais cores que o amarronzado da tinta de galha. Também são responsáveis por nos legar um tom de vermelho intenso e profundo, um artigo comercial de propriedade exclusiva das colônias espanholas durante vários séculos, ainda hoje em uso tanto na alimentação como na cosmética.

O corante carmesim provém das fêmeas de uma espécie de cochonilha (*Dactylopius coccus*), inseto do tamanho de uma unha. A cochonilha é oriunda das Américas Central e do Sul, e a fêmea, que não tem asas, passa a vida inteira presa ao mesmo lugar: um cacto cheio de espinhos.

O corante era conhecido dos astecas e maias bem antes da chegada dos europeus ao novo continente, e estes, ao descobri-lo, desenvolveram uma tonalidade ainda mais intensa. Uma vez que a cor vermelha era cara e difícil de produzir na Europa da Idade Média, as cochonilhas secas tornaram-se um dos produtos mais valiosos das colônias hispânicas, e no seu auge chegou a competir com a prata em valor de mercado. O carmesim resultava em tons vermelhos intensos que suportavam a luz solar sem desbotar. Os famosos "red coats" dos soldados britânicos eram tingidos com carmesim, e o célebre pintor holandês Rembrandt usava o corante nas suas obras.

Como os insetos secos eram pequenos e leves, e estamos falando de uma época anterior ao microscópio, durante muito tempo os europeus não sabiam se o corante vermelho[2] provinha de uma planta, de um animal ou de um mineral. Os espanhóis mantiveram o segredo durante

2 Em português, essa associação ficou marcada no próprio nome "vermelho", derivado do latim "vermiculu" ("vermezinho"), a cochonilha. (N. do T.)

quase 200 anos, para garantir o monopólio e a enorme receita que os pequenos insetos lhes geravam.

Hoje em dia, o carmesim provém em grande parte do Peru. O corante, de código industrial E120, é usado em muitos produtos alimentícios, como geleias, iogurtes, sucos, molhos, balas e até na bebida Campari. Além disso, é encontrado em vários tipos de cosméticos, como batons e sombras.

Laca: do verniz à dentadura

O que jujubas, discos de gramofone, violinos e maçãs têm em comum? Uma substância oriunda de um inseto, é claro. Um produto incrivelmente útil, do qual você provavelmente nunca ouviu falar. Estamos falando da goma-laca, uma espécie de resina produzida pela fêmea do besouro-da-laca, parente da cochonilha que nos dá o carmim. Esse pequeno animal ocorre em grande número em várias espécies de árvores do Sudeste Asiático. Algumas fontes sugerem que o nome vem do sânscrito *lakh*, "cem mil", e se refere à enorme quantidade de besouros que se pode encontrar num só lugar. (Uma breve digressão: a mesma fonte diz que a palavra norueguesa para salmão, *laks*, tem a mesma origem e pela mesma razão, dada a quantidade de peixes que se acumulam nos rios na época da desova.)

Existem várias espécies de besouro da laca, mas a mais comum na produção da goma-laca chama-se *Kerria lacca*. Esses besouros pertencem à ordem dos hemípteros e passam a maior parte da existência com o focinho enfiado no tecido vegetal. Uma vida muito sem graça, você vai dizer, mas que maravilhas nos deu essa pequena criatura! Um artigo científico chega ao ponto de dizer que "a goma-laca é uma das mais valiosas dádivas que a natureza nos legou".

O cultivo dos besouros-da-laca tem uma longa tradição. O inseto é mencionado em textos hindus de 1200 a.C., e Plínio, o Velho, descreveu-o como "âmbar da Índia" em seus textos datados de 77 d.C., mas somente no fim do século XII é que os europeus foram conhecer o produto. Inicialmente como corante, depois como verniz, uma substância que se aplica sobre a madeira para impermeabilizá-la e deixá-la mais brilhante. Móveis belíssimos, peças de artesanato de madeira e violinos eram costumeiramente tratados com goma-laca, mas o produto acabou tendo vários outros usos: durante cinquenta anos, do final do século XIX até a década de 1940, era o principal ingrediente dos discos de gramofone. A goma-laca era misturada com pó de pedra e fibra de algodão para produzir o que na Noruega ficou conhecido como "steinkaker" (bolos de pedra), isto é, discos de 78 rotações por minuto, pesados e inquebráveis. A qualidade do som era apenas aceitável, mas os toca-discos pioneiros, também chamados de "talking machines" (máquinas falantes), fizeram enorme sucesso no seu tempo. Lembre-se de que o rádio não era um aparelho comum: a primeira transmissão pública só ocorreu em 1910, na cidade de Nova York, e na Noruega iniciamos as transmissões experimentais apenas em 1923. Portanto, os gramofones eram a única possibilidade de receber a visita de uma "orquestra virtual" na sala de estar da casa.

A produção de discos no século XX foi tal que as autoridades norte-americanas ficaram alarmadas. A laca também era importante na indústria militar, inclusive em detonadores e na impermeabilização de munições. Em 1942, o governo dos Estados Unidos ordenou às gravadoras que reduzissem o consumo de laca em 70%.

Como, então, esses pequenos insetos produzem uma substância com tantos e tão variados usos — vernizes, pintura, polimento, joalheria, tingimento têxtil, dentaduras e obturações, perfumaria e cosmética, isolamento elétrico, selantes, cola para restauração de ossos de dinossauros e muitas outras aplicações na indústria alimentícia e farmacêutica?

Tudo tem início ainda no enxame. Milhares de pequenas ninfas de besouros-da-laca assentam num galho que lhes parece apropriado. Com o focinho, sugam a seiva da planta que é alterada quimicamente no interior do inseto. Pela extremidade traseira secretam um líquido viscoso e alaranjado, que solidifica em contato com o ar. Essa resina sólida torna-se uma espécie de "telha" sobre um único besouro, mas com o passar do tempo transforma-se num telhado imenso que pode cobrir todo o galho. Depois de algumas trocas de pele surgem besouros adultos, que se acasalam e põem ovos, bem protegidos pela resina alaranjada. Os adultos morrem e dos ovos eclodem milhares de ninfas que atravessam o telhado de resina e voam em busca de um novo galho.

Para fabricar a goma-laca é preciso primeiro raspar a resina dos galhos. Depois ela é filtrada para remover restos de insetos, triturada e posta à venda — na forma de flocos cor de âmbar ou dissolvida em álcool.

A maior parte da produção atual de goma-laca ocorre na Índia, e felizmente a produção está a cargo de pequenos proprietários de terra. Estima-se que três a quatro milhões de pessoas, que de outra maneira não teriam como se sustentar, mantêm os besouros em cativeiro para complementar a renda. Além disso, a produção contribui para manter a biodiversidade natural do hábitat, sobretudo porque as "pastagens" desse pequeno animal não podem ser pulverizadas com pesticidas — do contrário, a própria vida do besouro estaria em risco.

Clínica de beleza para peles de pêssego

Você também acha que as maçãs na gôndola do supermercado parecem deliciosas? Pudera, elas passaram por um tratamento para ficar com aquela pele de pêssego, se me perdoa o trocadilho. Maçãs não têm pelos para depilar, é claro. Mas nós, humanos, eliminamos o revestimento natural das maçãs quando as lavamos depois da colheita, e sem essa camada protetora elas rapidamente ficariam enrugadas, pareceriam menos apetitosas e encalhariam no supermercado. Por isso as maçãs precisam ser enceradas novamente, e aqui entra a laca, uma espécie de creme antirrugas para as frutas.

Muitas outras frutas e vegetais passam pelo mesmo processo para ficarem frescos por mais tempo e parecerem mais apetitosos. Na Noruega, a laca é utilizada em cítricos, melões, peras, pêssegos, abacaxis, romãs, mangas, abacates, mamões e nozes. Em 2013, o governo norueguês aprovou o uso da laca também em ovos de galinha, para deixá-los mais bonitos e brilhantes e aumentar a durabilidade.

Com o código E904, a laca aparece nas embalagens de produtos alimentícios na cobertura de jujubas, confeitos, pastilhas e demais guloseimas. Se essas guloseimas forem produzidas nos Estados Unidos, os nomes podem variar, mas é a mesma substância: *lacca, lac resin, gum lac, candy glaze* ou *confectioner's glaze.*

A goma-laca também é utilizada na indústria de cosméticos: em sprays de cabelo, esmaltes de unha e como aglutinante de rímel e máscara para cílios. E mais: também é usada para revestir comprimidos. A laca não só deixa a superfície mais brilhante. Como não é facilmente dissolvida em ácido, pode ser usada para fabricar comprimidos "temporizados", que só serão absorvidos quando chegarem ao trato intestinal.

Depois de termos uma perspectiva das potencialidades desse produto, talvez não seja exagero dizer que a goma-laca é uma das dádivas mais valiosas que a natureza nos legou.

CAPÍTULO 8

INSIGHTS DE INSETOS

O velcro é uma invenção genial. É usado em calçados, jaquetas, luvas e uma infinidade de outras aplicações. Tudo começou com um engenheiro suíço que estava caçando com seu cachorro. Ele ficava incomodado cada vez que o cão voltava para casa cheio de carrapichos, e passou a examinar detalhadamente esses engenhosos mecanismos de propagação de sementes. Pequenos ganchos que se agarram ao pelo dos animais — quem sabe não seria uma ideia digna de copiar? E assim nasceu o velcro.

Engenheiros e projetistas cada vez mais se inspiram nas soluções que a natureza lhes apresenta. A natureza teve bilhões de anos para refinar suas soluções, e a evolução trouxe inúmeras estruturas e funções inteligentes.

Quando se trata de soluções engenhosas, os insetos merecem um lugar de destaque, porque existem em grande número e são extremamente adaptáveis. Podemos tomá-los como modelo, como fazemos com as moscas-das-frutas (p. 143). Podemos mandá-los fazer coisas que não conseguimos, como rastejar entre escombros de um prédio ou ajudar na decomposição de plásticos. Talvez eles nos deem novas soluções para a crise dos antibióticos, para a melhoria da saúde mental de idosos ou mesmo para viabilizar viagens interplanetárias. Uma coisa é certa: devemos lhes dar o devido valor, porque eles vão continuar a nos inspirar por bastante tempo.

Biomimética — a natureza sabe o que faz

Segundo a Wikipédia, biomimética "é uma área da ciência que tem por objetivo o estudo das estruturas biológicas e das suas funções, procurando aprender com a natureza suas estratégias e soluções, e utilizar esse conhecimento em diferentes domínios da ciência".

Existem inúmeros exemplos de biomimética a partir dos insetos. As libélulas serviram de inspiração para os drones. O besouro-de-fogo, que põe ovos em brasa depois de um incêndio florestal, é objeto de estudo das Forças Armadas dos Estados Unidos devido aos sensores de calor que possui no abdome.

Muitos insetos têm cores que não provêm de pigmentos, mas de estruturas especiais na superfície, que refletem determinados comprimentos de onda, resultando em cores metálicas intensas que se alteram conforme o ângulo de visão, caso das monumentais borboletas azuis das matas sul-americanas. Conhecendo melhor essas estruturas, poderemos criar cores que não desbotam, painéis solares mais poderosos e novos tipos de brinquedos, tintas e cosméticos, ou mesmo cédulas de dinheiro à prova de falsificação.

Bafeje nas notas!

O belo *Tmesisternus isabellae*, que só ocorre numa pequena área da Indonésia, é um besouro que muda de cor conforme a umidade do ar.

Quando está seco, ele assume um tom dourado com listras verde-escuras. Se o tempo mudar e ficar mais úmido, as microestruturas que dão a cor ao besouro incham e o dourado se torna vermelho. Recentemente, engenheiros químicos chineses copiaram esse truque e o aplicaram na tecnologia de impressão.

Esses engenheiros acreditam que a tinta derivada do besouro pode ser usada na impressão de cédulas de dinheiro impossíveis de falsificar. Se você desconfiar que a cédula não é verdadeira, é só bafejar nela e verificar se a cor muda. Adeus, fraudes e golpes.

Só tome cuidado de manter suas cédulas de dinheiro em locais seguros e à prova de insetos, principalmente nos trópicos, onde os cupins podem devorar qualquer coisa que contenha celulose, inclusive dinheiro vivo. Na Índia, os cupins não se cansam de devorar fortunas: em 2008, comeram as cédulas que um comerciante indiano mantinha em um banco do país; em 2011, mastigaram pilhas e pilhas de notas de rupias no cofre-forte de um banco. O prejuízo passou de 2 milhões de reais!

Cupinzeiros, construções ecologicamente corretas

Talvez possamos perdoar os cupins por comerem cédulas de rupias se percebermos o quanto podemos economizar copiando suas soluções arquitetônicas. Os cupins nos deram excelentes ideias para melhor refrigerar o ar.

Os enormes cupinzeiros existentes na África erguem-se dezenas de metros acima do solo e abrigam milhões de indivíduos sociais, de cor branca ou parda. Apesar do calor escaldante do lado de fora, dentro dos cupinzeiros a temperatura é sempre agradável. E lá no fundo, talvez um metro abaixo do solo, está sua majestade, a rainha dos cupins, pondo ovos em velocidade recorde na sua câmara real bem resfriada e arejada. Ao redor dela, milhares de jardineiros trazem os fungos preparados na "cozinha" do cupinzeiro, onde se produzem milhões de refeições. Porém, se os fungos são exigentes e pedem uma temperatura próxima a 30 °C para se desenvolverem, como os cupins conseguem regular a temperatura interna do cupinzeiro?

Acontece que um engenhoso sistema de dutos de ar aproveita as mudanças diárias de temperatura na parte externa para criar uma sucção de ar ao longo de todo o cupinzeiro. Esse "pulmão artificial" assegura que o ar frio e rico em oxigênio seja impulsionado para baixo, enquanto o ar quente, rico em dióxido de carbono, é expelido pelas chaminés.

Os arquitetos copiaram o design inteligente dos cupins para construir o Eastgate Centre, um grande prédio comercial em Harare. Um dos maiores edifícios comerciais da capital do Zimbábue, o centro não conta com um sistema de ar condicionado qualquer. Em vez de energia elétrica, usa-se a refrigeração passiva, seguindo os princípios dos cupins. O resultado é que o prédio consome apenas 10% da energia de um edifício similar com refrigeração tradicional.

Bananas para um Nobel

Certamente você conhece a mosca-das-frutas, aqueles insetinhos que chegam a formar uma nuvem quando levantam voo do cacho de bananas na fruteira da cozinha. São muito irritantes, sim, mas essas pequenas criaturas de olhos vermelhos são detentoras de nada menos que seis prêmios Nobel!

São também conhecidas como moscas-do-vinagre, mas o nome científico da espécie é *Drosophila* (aquele que ama o orvalho da manhã), um nome bem mais poético para criaturas que originalmente vivem em áreas tropicais quentes e úmidas. Atualmente há espécies da família das drosófilas espalhadas por todo o mundo (exceto na Antártida). Comum a todas elas, que entram sem ser convidadas nas nossas cozinhas, mesmo na fria Noruega, é a fixação por colocar seus ovos em matéria orgânica apodrecida e em processo de fermentação, como resíduos de compostagem, frutas maduras ou mesmo aquele resíduo que sobrou no fundo de uma lata de cerveja.

Elas se reproduzem numa velocidade acelerada e, claro, são extremamente irritantes. Bem que gostaríamos que a nossa comida fosse deixada em paz, e achamos que o lugar dos insetos é lá fora, longe da cozinha, mas esses insetinhos são mais importantes do que você pensa. A *Drosophila melanogaster* é a verdadeira majestade dos laboratórios. Há mais de cem anos ela tem sido crucial para a realização de pesquisas científicas.

As drosófilas têm várias características que as tornam perfeitas para as pesquisas científicas: são leves e baratas de manter em laboratório, vivem em ritmo acelerado e se reproduzem mais rápido ainda. Além disso, temos um bom controle sobre o material genético dessa espécie, cujo DNA foi inteiro mapeado em 2000. Sem querer insultar ninguém, posso garantir que seus genes são mais próximos dos genes de uma mosca-das-frutas do que você imagina. Um estudo que identificou genes associados a doenças em humanos descobriu que 77% desses genes também existiam nas drosófilas. Justamente essa semelhança explica por que pesquisá-las é muito útil para compreender vários fenômenos, inclusive em humanos.

Essas mosquinhas nos ensinaram muito sobre os cromossomos e sobre hereditariedade genética, e renderam um Prêmio Nobel a Thomas Hunt Morgan, em 1933. Anos depois, submetidas a doses maciças de radiação, as moscas e Hermann Muller receberam outro Prêmio Nobel (em 1946), por demonstrarem que a radiação causa mutações e é prejudicial ao material genético. Em 1995, o Prêmio Nobel de Medicina e Fisiologia mais uma vez foi para os nossos pequenos amigos alados e uma equipe de três pessoas, por um trabalho abrangente que mostrou como os genes controlam o desenvolvimento da vida fetal precoce. Em 2004, o prêmio foi para um trabalho sobre o sistema olfativo das drosófilas e, em 2011, sobre seu sistema imunológico. Em 2017, a mosca-das-frutas recebeu seu até agora último Prêmio Nobel, por um estudo sobre o "relógio embutido" que controla o ritmo circadiano dos organismos vivos. Esses prêmios mais recentes são exemplos de como as pesquisas com as moscas-das-frutas têm um alto grau de transferência para nós, humanos.

Até o comportamento que mais nos irrita nessas moscas, sua atração por produtos fermentados, de preferência alcoólicos, tem sua utilidade. A pesquisa sobre "alcoolismo" em drosófilas é séria e importante, e traça vários paralelos humanos que podem dar um belo mote para conversas numa mesa de bar. Que tal mencionar que, ao consumir álcool em demasia, a mosca macho fica carente e sexualmente ensandecida, ao mesmo tempo que suas chances de acasalar diminuem? Ou dizer que os machos de drosófilas que não obtêm sucesso na conquista de uma parceira buscam consolo afogando as mágoas em álcool?

Como se não bastasse, as moscas-das-frutas continuam a nos dar novas informações sobre doenças, como câncer e Parkinson, e fenômenos, como insônia e *jet lag*. Portanto, seja minimamente respeitoso ao xingar uma mosquinha dessas na sua cozinha. Na próxima vez que estiver dando cabo de uma, pelo menos lembre-se de agradecer a um dos animais mais importantes da pesquisa biomédica.

Formigas que nos dão antibióticos

A resistência aos antibióticos é um problema grave e não para de crescer. Segundo a Organização Mundial da Saúde (OMS), bactérias imunes a antibióticos já são a causa de quase 6 mil mortes a cada ano. Nessa luta, o estudo da ecologia e da evolução é fundamental, e os insetos contribuem com suas soluções.

Nesse particular, o destaque vai para as formigas. Elas vivem juntas em grandes comunidades e contam com uma boa defesa contra bactérias e fungos para impedir que a colônia inteira seja dizimada. Por isso, as formigas têm no corpo duas glândulas que produzem antibióticos. Elas lubrificam a si mesmas e as companheiras com a ajuda das patas dianteiras, e estudos demonstram que essa atividade aumenta diante da presença de fungos no ninho.

As saúvas — que levam para casa pedaços de folhas que mastigam e usam como base para cultivar fungos (p. 80) — têm um desafio ainda maior ante as ameaças de infecção. Às vezes, outros fungos parasitários tentam se estabelecer na horta de fungos das formigas. Se tiverem sucesso, podem matar tanto a colheita quanto as próprias. Elas, portanto, desenvolveram uma poderosa defesa contra tais intrusos, cooperando com uma bactéria. A bactéria vive em bolsos especiais no corpo do inseto e produz um antibiótico que mata os fungos invasores, um trabalho em perfeita sintonia, aperfeiçoado ao longo de milhares de anos. Isso significa que temos boas oportunidades para encontrar fungicidas e bactericidas eficazes estudando a colaboração das formigas com as bactérias. Várias descobertas já foram patenteadas, incluindo um antibiótico e antifúngico desenvolvido a partir das saúvas chamado Selvamicina. Essa substância age, entre outras infecções, contra a *Candida albicans*, uma micose muito comum na forma de infecção oral ou genital.

Terapia larval

Sempre fico feliz quando vejo roupas ou joias com estampas de insetos. Não é tão frequente, mas aqui e ali vejo uma borboleta ou uma abelha decorando uma peça de roupa. Mas raramente vejo moscas. Certa vez fiz um experimento altamente científico: pesquisei na Internet por "joias com borboleta" e obtive cerca de mil resultados. Escrevendo "mosca" no lugar de borboleta, o resultado é zero.

Pensamos na mosca doméstica como disseminadoras de doenças, mas esses insetos podem realmente nos curar comendo nossas feridas infectadas. Parece repugnante, mas é uma novidade bem antiga. Gengis Khan foi um imperador mongol do século XI que fundou um império tido como o maior de toda a história, uma área que se estendia da Coreia à Polônia. E não o fez, digamos, abusando da diplomacia: naquele tempo, o que valia era a guerra, brutal e implacável. Diz a lenda que Gengis Khan sempre levava consigo para a batalha uma carroça cheia de larvas de moscas. As larvas eram colocadas nas feridas para que cicatrizassem logo e os soldados voltassem à ativa mais rápido.

Essa terapia larval também foi utilizada nas guerras napoleônicas, na Guerra Civil Americana e na Primeira Guerra Mundial com grande sucesso. Depois de descobertas as propriedades fantásticas dos antibióticos, a terapia larval ficou nos livros de história. Nos últimos tempos voltou a ganhar relevância, não só por causa das bactérias multirresistentes.

As larvas da mosca-dourada (*Lucilia sericata*) são as mais comumente utilizadas. Essa mosca é encontrada ao ar livre em boa parte do sul norueguês. Para o uso medicinal, é importante que as larvas sejam esterilizadas antes de serem colocadas sobre a ferida, portanto elas são cultivadas em laboratórios próprios. Costuma-se usá-las dentro de uma espécie de saquinho de chá, dessa forma impedindo que escapem e se concentrem fazendo o trabalho que lhes cabe. E o trabalho consiste de várias etapas. As larvas inibem o crescimento das bactérias, produzindo substâncias semelhantes a antibióticos e a outras que alteram o pH da ferida. Além disso, simplesmente devoram o tecido necrosado. Em alguns casos, descobriu-se também que produzem substâncias que promovem o crescimento de novos tecidos. As larvas comem apenas tecido morto e pus, não tocam o tecido vivo ao redor da ferida.

Entre as tentativas mais criativas de usar moscas domésticas está o "Rei da Larva", um inglês que no início do século XX achava saudável respirar cheiro de larvas de moscas. O sujeito tinha tuberculose, mas estava convencido de que as larvas que cultivava como iscas para suas pescarias eram o que o mantinha vivo, e fazia questão de compartilhar isso com outros doentes. Todo verão, portanto, o Rei da Larva recebia toneladas e toneladas de carcaças de animais mortos, às vezes provenientes até de zoológicos, que deixava ao relento até que se cobrissem de larvas de moscas. Em seguida, as transportava em vasos para locais abrigados, que chamou de "magotoriums" (de "maggot", larva em inglês). Eram galpões de madeira onde os pacientes podiam ler, jogar cartas ou apenas jogar conversa fora ao lado de montes de larvas de moscas e carne apodrecida — era o tipo de empreendimento que realmente não cheirava bem.

O mau cheiro da fazenda do Rei da Larva podia ser sentido a quilômetros de distância, e não havia nenhum embasamento científico para o negócio. Embora vários pacientes tenham de fato mostrado evidências de melhora na saúde após uma visita aos galpões de carne podre, inspirar vapores de larvas de mosca nunca se tornou exatamente um sucesso comercial, mas talvez o futuro prove que o Rei da Larva não estava tão errado assim. As larvas de moscas domésticas provavelmente exalam substâncias gasosas que inibem o crescimento de um parente da bactéria da tuberculose, uma variante não patogênica muito usada em experiências. Enquanto as pesquisas não trazem resultados definitivos, afirmar que as larvas de moscas não são apenas iscas, mas também têm fins medicinais, não é história de pescador.

Grilos como animais de estimação

Insetos também podem ajudar a melhorar a nossa saúde mental. É bem sabido que ter um animal de estimação pode deixá-lo mais feliz e saudável, e há milhares de anos, em países do Oriente, existe o hábito de ter insetos como animais de estimação. Especialmente na China e no Japão, é comum manter grilos em gaiolas, pelo som agradável que produzem, mas no século XI era muito popular criar grilos de combate. Ainda hoje, campeonatos de grilos são realizados na China, um dos vários festivais tradicionais chineses relacionados a insetos.

Entre as crianças japonesas não é raro brincar de capturar (ou, se vivem na cidade, comprar) besouros machos e organizar lutas entre eles. Estamos falando aqui de algumas das maiores espécies existentes, com chifres poderosos ou mandíbulas protuberantes, que os machos usam para lutar. No Japão, assim como nos Estados Unidos, é comum organizar passeios para apreciar vaga-lumes dançando pela noite em determinados locais.

Hoje em dia, insetos estão sendo testados como animais de estimação no cuidado de idosos — na Ásia, é claro. Afinal, que mal haverá se os idosos da Coreia tomarem gosto de cuidar de grilos numa gaiola?

Cerca de cem coreanos de mais de 70 anos foram examinados quanto a fatores psicológicos, como depressão, percepção, nível de estresse, distúrbios de sono e qualidade de vida. Em seguida, o grupo foi dividido em dois. Ambos receberam orientações sobre estilos de vida saudáveis e telefonemas de acompanhamento semanal, mas apenas um dos grupos recebeu uma gaiola com cinco grilos canoros. Aqui nos referimos à espécie *Teleogryllus mitratus*, um grilo de jardim que vive no Sudeste Asiático, dono de uma "voz" muito bela e cativante.

Depois de dois meses, os participantes do experimento foram novamente examinados e entrevistados. Quase todos tomaram afeto pelos seus grilos e, em um terço deles, cuidar dos insetos contribuiu para melhorar a saúde mental. Os resultados do teste também mostraram um efeito discreto e positivo em vários dos fatores medidos — especialmente na redução de depressão leve e na melhoria da qualidade de vida.

Uma gaiola de grilos é barata e requer poucos cuidados. Os idosos não precisam levá-los para passear, cortar suas unhas ou aparar o pelo. Ainda assim, pode ser gratificante ficar assistindo os grilos passeando e cantando na gaiola, e ter a obrigação de lhes dar um pouco de comida de quando em quando. O grilo precisa de um dono, o que é algo muito bom. Cuidar de um grilo pode ser aquele pouquinho que faltava para dar sentido à vida cotidiana de pessoas com problemas de saúde, que passam muito tempo em casa, sozinhas.

Biofilia — amor pela natureza

Felizmente, o interesse por insetos parece estar aumentando também no Ocidente. Há mais pessoas reparando no zumbido de vespas e abelhões gorduchos, plantando flores ricas em néctar, construindo "hotéis" para alojar insetos e construindo colmeias nos jardins. Muitos admiradores de insetos fazem um trabalho importante procurando e coletando (ou fotografando) exemplares e identificando novos lugares onde ocorrem, numa espécie de caça ao tesouro que tanto rende experiências na natureza como aumenta nosso conhecimento sobre insetos.

Em vários locais, especialmente de clima tropical, é possível encontrar borboletários, grandes espaços protegidos por telas onde as borboletas podem voar livremente e encantar os visitantes. Kjell Sandved, fotógrafo norueguês que trabalha num museu em Washington, tornou-se mundialmente famoso por seu abecedário de borboletas — lindos *close-ups* de asas de borboleta à guisa de letras do alfabeto. As regiões de invernada da borboleta monarca no México atraem turistas de todo o mundo – meio milhão de turistas viajaram à Nova Zelândia em 2016 para admirar os fungos bioluminescentes no teto da caverna de Waitomo.

Esses fenômenos apontam para algo que o famoso entomologista Edward O. Wilson alertava: a necessidade que nós, humanos, temos de uma conexão profunda e próxima com a natureza e com as outras espécies. Wilson chamou isso de biofilia, o amor pelos seres vivos. Ele sustentava que essa é uma característica que se desenvolveu e se fortaleceu ao longo da evolução, pois estar perto da natureza aumenta as chances de sobrevivência. Quem se dá conta das flores, semanas depois poderá encontrar no lugar delas as frutas. Quem sabe distinguir entre as espécies que podem ferir ou matar, aumenta suas chances de ficar vivo. Muitos acreditam que nossa repulsa a cobras e aranhas pode estar relacionada a essa adaptação.

Hoje em dia existem mais e mais pesquisas que atestam que a proximidade da natureza é importante para o bem-estar e para a saúde. Idosos vivem mais se morarem perto de área verde, independentemente do status socioeconômico. Estudantes aprendem melhor se tiverem uma paisagem verde para admirar pela janela. Crianças com transtorno de personalidade apresentam menos sintomas depois de fazerem atividades na natureza. Em comunidades de baixa renda, moradores de casas com espaços verdes experimentam menos violência doméstica em relação aos moradores de casas com áreas livres pavimentadas.

Quando meus filhos frequentavam a escola primária, eu costumava passear com a turma pelo riacho próximo durante a primavera. Os pequenos alunos do quinto ano me encaravam céticos enquanto eu puxava um funil de metal preso à ponta de uma vara para retirar a lama do fundo do riacho, e em seguida despejá-la num depósito de plástico branco.

"Argh, você não vai tocar nisso aí, vai?", resmungavam. Mas aí acontecia algo fantástico: a lama se depositava no fundo e a vida surgia daquela água. Juntos, observávamos insetos com dois pares de olhos — um para ver acima e outro para ver abaixo da água — e conversávamos sobre a bolinha cor de prata no traseiro de outros, na verdade uma pequena bolha de ar por onde eles respiravam.

De repente, todas as crianças queriam pegar o funil e o recipiente plástico, cada uma desejando descobrir com as próprias mãos os insetos mais estranhos. Num piscar de olhos, esqueciam que acabariam de sapatos molhados e com as unhas sujas de lama, mas nada disso importava.

Esses dias são parte das boas lembranças que guardo, com a certeza de ter dado minha contribuição para algo importante.

Mais da metade da população mundial vive hoje em grandes cidades. Muitos não têm oportunidade de experimentar a vida ao ar livre ou ver de perto, no próprio hábitat, animais selvagens de grande porte. Felizmente, perto de áreas populosas, parques e grandes extensões de mata ainda cumprem seu papel e servem de lar para inúmeros insetos.

Baratas, as melhores amigas do homem?

Com as novas maneiras de viver surgem também novos problemas e novas oportunidades para tirar partido dos insetos. O trabalho de resgate em áreas urbanas, nos escombros de um prédio, por exemplo, apresenta desafios muito específicos. Nesse cenário, um são-bernardo com um barril de conhaque preso à coleira não conseguirá cavar coisa alguma. Nosso anjo da guarda no cenário urbano de hoje em dia pode muito bem ser uma barata.

Você provavelmente já ouviu alguém dizer que as baratas são as únicas espécies que sobreviverão a uma guerra nuclear, certo? Esse mito tem origem no cinema, em filmes de títulos assustadores, como *O mundo em perigo* (*Them!*), *Possuídos* (*Bug*) ou *O crepúsculo das baratas* (*Twilight of the Cockroaches*), filmes dominados por insetos monstruosos em cenários pós-apocalípticos, que se alimentam de detritos atômicos, e de belas mulheres de vestidos vermelhos abandonadas no deserto. Tudo bobagem, é claro, embora seja verdade que as baratas podem suportar mais radioatividade que nós, humanos (embora os carunchos suportem ainda mais).

A capacidade que as baratas têm de resistir às adversidades e também sua força e agilidade podem, na verdade, nos ser muito úteis. Equipe uma barata com uma mochila cheia de equipamentos de alta tecnologia: microchip, receptor, transmissor e uma unidade de controle ligada às antenas e aos *cerci* (apêndices traseiros). Um microcontrolador, operado a distância, estimula os *cerci* com impulsos elétricos, fazendo a barata acelerar acreditando que algo se aproxima por trás dela. Se o impulso for dirigido às antenas, a barata acreditará que bateu em algo e mudará de direção. Dessa forma é possível controlar um exército inteiro de baratas dentro de um prédio em perigo e, analisando os sinais recebidos, desenhar um mapa do local.

Pode-se também equipar a mochila com um microfone para captar o som ao redor. Os controladores podem assim escutar ruídos de pessoas soterradas por terremoto, por exemplo, e, uma vez determinada a localização da vítima, apressar os trabalhos de resgate.

Então, se você tiver o azar de ficar soterrado num prédio em ruínas, evite pisar nas baratas que cruzarem seu caminho. Elas podem ser um sinal de que o socorro está vindo. Se em vez disso você estiver nos Alpes suíços em pleno inverno, é melhor recorrer ao são-bernardo. A neve é uma das poucas condições climáticas que a barata não consegue dominar.

Plástico no menu

A cada minuto uma quantidade de plástico correspondente à carga de um caminhão de lixo é jogada no mar. A mesma quantidade acaba indo parar em aterros sanitários, que não param de crescer, pois somos apaixonados por plástico.

Plástico é um material conveniente e barato. Fabricamos e consumimos uma quantidade anual de plástico vinte vezes maior que há 50 anos, porém menos de 10% desse total é reciclado. O restante acaba indo parar em aterros, em terrenos baldios ou no mar. Um relatório da Fundação Ellen MacArthur estima que, se isso continuar, em 2050 haverá mais plástico do que peixes no oceano, isso porque o plástico se decompõe muito devagar na natureza. Portanto, é uma notícia sensacional a descoberta de que vários insetos podem digerir e decompor o plástico.

Tome o poliestireno como exemplo. Nunca ouviu falar de poliestireno? Posso apostar que você já pegou nele, na forma de embalagem de comida ou de copo para bebidas quentes. O poliestireno, também chamado de isopor, é justamente um material utilizado para manter alimentos e bebidas aquecidos. Somente nos Estados Unidos, 2,5 bilhões de embalagens de poliestireno são descartadas a cada ano — e estamos falando de um material que não é biodegradável. Isto é, até agora, pois parece que as larvas do caruncho mastigam o poliestireno como se fosse ração.

Nos Estados Unidos e na China, larvas de caruncho foram alimentadas com poliestireno em um experimento. Todas pertenciam à espécie *Tenebrio molitor*, que também ocorre na natureza no sul da Noruega e pode aparecer em restos de farinha úmida esquecida no armário por muito tempo. Elas digeriram o isopor em tempo recorde, as larvas tornaram-se pupas e resultaram em besouros adultos normais. Ao longo de um mês, 500 larvas de caruncho chinesas comeram um terço dos 5,8 gramas de isopor que tinham à disposição, deixando como resíduos um pouco de dióxido de carbono e de cocô de besouro, que por sinal pode ser utilizado como adubo.

A taxa de sobrevivência de besouros que comeram outros alimentos foi a mesma daqueles com a dieta de poliestireno, mas não se trata de um superalimento. Longe disso.

Em outro experimento foram comparados três grupos: as larvas alimentadas com isopor, outras alimentadas com flocos de milho e outras que não receberam comida. As larvas que comeram flocos de milho engordaram 36%, enquanto as que comeram isopor mantiveram o mesmo peso, um resultado ainda assim melhor do que as pobres larvas que passaram fome, que perderam um quarto do peso durante as duas semanas do experimento.

Não são os próprios insetos que fazem o trabalho de decompor o plástico, mas os bons inquilinos que eles carregam na barriga. Se as larvas recebem antibióticos que matam a flora intestinal, o plástico deixa de ser degradado. A decomposição do plástico depende, provavelmente, do esforço combinado entre o besouro e as bactérias.

É preciso promover mais pesquisas para saber se essa descoberta pode nos ajudar a combater o problema do plástico nos oceanos, pois os carunchos não gostam de meter as patas na água e não estão preparados para lidar com o ambiente marinho. Mas na terra há plástico de sobra, e talvez possamos contar com a ajuda desses besouros para nos livrar dele.

Os carunchos não estão sozinhos. Há outros insetos que podem contribuir para solucionar o problema do plástico. A mariposa-da-cera é considerada uma praga por apicultores porque se alimenta das placas de cera das colmeias – a cera de abelha tem uma estrutura muito parecida com outro plástico, o polietileno, o das sacolas de supermercado. Essa mariposa pode fazer furinhos em sacos plásticos e transformar polietileno em etilenoglicol, uma substância anticongelante utilizada em motores de automóveis. Novamente, não é mérito apenas da lagarta, mas de uma combinação de esforços com as bactérias que habitam seu intestino.

Os pesquisadores estão se debruçando sobre essas novas descobertas para tentar encontrar um princípio ativo que possa ser produzido em escala industrial para, em longo prazo, usá-lo a fim de nos ajudar a eliminar o lixo plástico.

Eternamente jovem — o besouro que descobriu a fonte da juventude

Às vezes, as descobertas científicas resultam do mais puro acaso. No fim da Primeira Guerra Mundial, um cientista norte-americano esqueceu algumas lagartas dentro de uma gaveta.

Quando se estuda assuntos tão diferentes, como estruturas celulares humanas, o porquê de as mulas serem estéreis e a reação de larvas de moscas à luz, é natural que a pessoa seja um pouco distraída. Por isso, jamais saberemos exatamente por que esse pesquisador esqueceu uma caixa com larvas de besouros dentro da gaveta da escrivaninha do laboratório. A questão não é o fato de tê-las colocado na gaveta, mas de tê-las esquecido ali, sozinhas e intocadas, durante cinco meses. Para um besouro como o *Trogoderma glabrum*, cujo ciclo de vida do ovo à vida adulta não passa de dois meses, cinco meses deveria significar o fim da linha. No entanto, quando o pesquisador encontrou as larvas na gaveta, elas estavam vivas e em perfeito estado. Mais estranho ainda: elas haviam rejuvenescido! Sim, de verdade!

Se você se lembra do curso relâmpago de insetos no primeiro capítulo, sabe que todos eles trocam de pele várias vezes a caminho da vida adulta (p. 22), mas isso normalmente ocorre em única e imutável direção, isto é, de uma pequena larva para uma larva maior, da mesma maneira como nós, humanos, evoluímos de recém-nascidos até a adolescência, e não o contrário. Mas as larvas na gaveta haviam percorrido o caminho oposto — evoluíram para trás, de um tamanho maior para um menor, de um estado avançado para um mais simples.

Essa foi uma descoberta revolucionária e nosso amigo distraído se deu conta disso. Ele as deixou sem comida e descobriu que essas larvas malucas conseguiam se manter vivas por mais de cinco meses "sem comer uma migalha sequer", conforme registrou. Elas simplesmente iam diminuindo de tamanho porque viviam na direção contrária — passaram do estágio larval mais evoluído para o mais precoce. E, ainda mais bizarro, quando terminava essa greve de fome involuntariamente longa e as larvas recebiam comida, voltavam a evoluir no modo normal e passavam novamente da fase "recém-nascidas" para a fase "adolescentes".

Um estudo mais recente, da década de 1970, confirmou essas descobertas. As larvas do *Trogoderma glabrum* podem crescer para a frente e para trás, repetidamente, ainda que a um certo custo, pois mesmo que pareçam recém-nascidas, uma larva submetida a esse vaivém evolutivo mostrará um declínio fisiológico que indicará que terá envelhecido de qualquer maneira. Além disso, a cada turno ela demora mais tempo para voltar a crescer.

É de revirar a cabeça! E não para por aí: as abelhas melíferas também podem controlar o processo de envelhecimento.

As abelhas responsáveis por cuidar das larvas na colmeia conseguem se manter no ápice da juventude por muitas semanas. As operárias, no entanto, que saem para coletar o néctar, morrem senis ao longo de duas semanas. Mas, caso uma operária precise assumir o lugar de uma cuidadora, ela "rejuvenescerá" — conseguirá viver uma vida mais longa no ápice do seu vigor, uma mudança engenhosa controlada por uma proteína específica, uma espécie de elixir da juventude próprio das abelhas.

O estudo desses insetos pode nos ajudar a compreender o processo de envelhecimento dos humanos. Poderá nos dar novos *insights*, por exemplo, sobre diversas demências e, em longo prazo, contribuir para cuidarmos melhor dos nossos idosos.

Mosquitos astronautas

Falando em expectativa de vida e envelhecimento, que tal alguns truques para nos ajudar em viagens interplanetárias? Talvez os insetos possam também dar sua contribuição nesse assunto. Um mosquito não hematófago chamado *Polypedilum vanderplanki* é um verdadeiro aspirante a astronauta e já sabe como hibernar durante longos períodos.

O mosquito vive na África e sua larva habita poças d'água que secam constantemente. Porém, enquanto um ser humano pode morrer se perder 14% dos líquidos do corpo, e a maioria dos organismos suporta uma perda de no máximo 50%, a larva desse mosquito tolera uma desidratação de até 97%! No estágio mais seco, essas larvas aguentam todo tipo de provação: você pode cozinhá-las, mergulhá-las em nitrogênio líquido, embebê-las em álcool, expô-las à radiação cósmica durante anos ou apenas deixá-las quietas — o recorde de sobrevivência até hoje é de 17 anos.

Quando é chegada a hora de despertar, é só adicionar água e zás! Elas incham igualzinho àqueles pedacinhos de carne de sopas instantâneas e voltam ao tamanho normal. Uma hora depois estarão se alimentando como se nada tivesse acontecido.

A larva do mosquito pode, assim, entrar em estágio de animação suspensa e ficar entre a vida e a morte, aparentemente sem sofrer dano algum. A única coisa de que precisa é um tempo para se preparar. A chave para sobreviver é substituir a água do corpo por um tipo de açúcar chamado trealose. Este açúcar tem apenas metade do dulçor do açúcar comum e existe em baixas concentrações no sangue dos insetos. Aliás, ele é assim chamado em alusão às secreções larvais de um gorgulho encontrado no Irã, chamado *trehala* no idioma persa, amplamente usado na medicina tradicional local.

Quando o mosquitinho acha que os tempos de estiagem estão por vir, começa a fabricar mais trealose no corpo, aumentando o teor dela no sangue de 1% para 20%. O açúcar protege as células e as funções do corpo de várias maneiras.

Existem vários organismos que dominam a arte de ser um morto-vivo — incluindo bactérias, fungos (fermento seco, por exemplo!), lombrigas, tardígrados e tatuzinhos-de-jardim. O interessante é que eles não usam as mesmas técnicas. Nos tardígrados (ou ursos d'água), por exemplo, não há acúmulo de trealose.

Se pudermos entender o que exatamente determina a mudança para o estado de animação suspensa, podemos usar o mesmo processo para preservar células, tecidos ou até mesmo indivíduos desidratados. Quem sabe encontraremos num mosquitinho africano a chave para viagens interplanetárias no futuro.

Abelhas-robôs

Enquanto esperamos que os insetos nos ajudem a viajar pelas estrelas, que tal ajudá-los a passear entre as flores? Quem sabe eles nos ajudem a polinizá-las em contrapartida... Para isso já existe, sim, abelhas-robôs. Pelo menos em laboratório. Na forma de um pequeno drone, decorado com pelos e uma fina camada de gel elétrico para que possam carregar o pólen. Foram testados pelos de cavalo, de fibra de carbono e de náilon de uma escova de rímel (sim, é sério). Embora o cavalo não seja exatamente conhecido por ser um animal polinizador, seu pelo parece ser o que funciona melhor. Com isso, a versão 0.1 da abelha-robô ficou pronta para o teste. Na Internet você pode assistir a um vídeo do drone voando de um lírio para o outro no laboratório japonês onde foi criado. Um voo um tanto desajeitado, é verdade, mas pilotagem de drone não é disciplina curricular na universidade — ainda.

O uso mais imediato desses drones vai para as plantas alimentícias dependentes de polinização em estufas. Com isso, poderemos limitar o uso de espécies de abelhas naturais, que tendem a escapar das estufas e se espalhar na natureza. Por enquanto, as abelhas-robôs não são muito eficazes, pois precisam ser controladas manualmente. As baterias precisam ser recarregadas a todo instante, mas talvez no futuro possam navegar autônomas, com a ajuda de GPS ou controladas por inteligência artificial, equipadas com baterias de longa duração.

Mesmo assim, vamos acreditar que nosso mundo não será obrigado a recorrer à mecânica moderna para substituir os recursos infinitamente avançados da natureza. Mais de 20 mil espécies diferentes contribuem para a polinização de flores silvestres e plantas cultivadas, e as pesquisas mostram que a polinização é mais eficaz tanto maior for a variedade de espécies, cada uma com sua especialização. Sabemos que a interação entre inseto e flor vem sendo finamente ajustada ao longo de mais de cem milhões de anos, e que a polinização da natureza é muito mais complexa e engenhosa do que qualquer coisa que possamos copiar. É mais fácil e mais barato cuidar das soluções que a natureza nos oferece.

Quando se trata de obter novos *insights* de insetos antigos, tenha em mente que jamais saberemos quais espécies serão úteis. Carunchos, moscas-das-frutas, baratas, formigas ou mosquitos.

Nós, humanos, somos rápidos em distinguir espécies de acordo com o grau de utilidade ou de transtorno que nos causam, e queremos nos ver livres daquelas que se encaixam neste último grupo. Mas a natureza é algo delicadamente inter-relacionado e, à medida que aumentamos o conhecimento dela, não cessamos de fazer novas e sofisticadas descobertas. Há uma razão pela qual é tão importante cuidar da natureza e de todas as espécies que existem, quer as percebamos como úteis ou não.

CAPÍTULO 9

OS INSETOS E NÓS NO FUTURO

O planeta dos insetos está em transformação. Os ecossistemas da Terra mudaram mais rapidamente nos últimos cem anos do que em toda a história da humanidade. Bem mais da metade da superfície da Terra foi modificada pela agricultura, pecuária e desmatamento, e os números não param de crescer. Isso significa que os hábitats desapareceram e que os restantes são poucos, menores e isolados. Por causa do represamento e da irrigação artificial, cada vez mais saturamos os recursos de água doce do planeta. Já produzimos e descartamos tanto plástico que, na forma de microplásticos, estarão presentes na Terra durante várias gerações futuras. Todos os anos despejamos na atmosfera e nos rios, lagos e mares quantidades enormes de resíduos químicos, inclusive pesticidas que matam insetos, para assegurar nossas safras agrícolas. Mudamos espécies de lugar, consciente e inconscientemente. Duplicamos a quantidade de nitrogênio e fósforo no solo com o uso de fertilizantes, e as emissões de CO_2 são as maiores em dezenas de milhões de anos, resultando em mudança do clima.

Tudo isso afeta os insetos, e o que afeta os insetos também afeta a nós. A diminuição na quantidade e a extinção de espécies de insetos refletirão nos ecossistemas, como círculos expandindo-se na superfície de um lago, e ao longo do tempo isso terá grandes consequências, na medida em que interfere em funções ecológicas básicas.

Uma coisa é certa: nunca seremos capazes de erradicar todos os insetos, felizmente, mas podemos tirar proveito do que nos possibilitam nossos pequenos amigos alados. Mesmo com 479 milhões de anos de evolução, eles agora correm risco.

Conhecemos apenas uma pequena fração de todas as espécies de insetos existentes, e das espécies conhecidas dispomos de poucos dados de monitoramento confiáveis. Uma estimativa, no entanto, sugere que um quarto de todos os insetos do mundo podem estar ameaçados de extinção.

Um ponto importante nesse contexto: é tarde demais para se importar quando uma espécie está à beira da extinção. Uma espécie deixa de ser funcional no ecossistema muito antes de o último indivíduo morrer, por isso é tão importante não virar o rosto de lado diante da erradicação, mas também estar atento à redução global do número de indivíduos. Muitos dados sugerem que o número de insetos está declinando. Na Alemanha, a quantidade total de insetos capturados em mais de 60 locais em todo o país diminuiu 75% em pouco menos de 30 anos. Estimativas sugerem que enquanto nós, humanos, duplicamos nossa população nos últimos 40 anos, o número de insetos foi reduzido a quase metade. São números dramáticos.

Por que a quantidade de insetos diminui? Não é fácil dizer, pois as respostas são muitas e estão relacionadas. Mas a agricultura e a silvicultura intensivas, o uso de pesticidas, a degradação ambiental e a redução de áreas naturais remanescentes, associadas às mudanças climáticas, são fatores determinantes.

O que acontecerá quando nossa demanda por mais áreas de crescimento e de recursos aumentar e a população de insetos declinar, com a extinção de espécies e a mudança no comportamento daquelas remanescentes? Suponhamos que o mundo seja como uma rede de dormir. Todas as espécies do planeta e suas vidas são fios dessa rede, e a soma desses fios compõe o tecido no qual nós, humanos, estamos deitados. Os insetos são muitos, e por isso mesmo compõem boa parte do tecido dessa rede. Quando reduzimos populações e erradicamos espécies de insetos, é como se estivéssemos puxando fios desse tecido. Tudo bem se aparecer um buraquinho aqui ou um fio solto ali, mas se forçarmos demais a rede irá necessariamente romper, e com isso nosso bem-estar e nossa prosperidade estarão arruinados.

Mudanças muito grandes nas comunidades de insetos podem criar uma destruição cujas consequências ninguém pode prever. Não sabemos, de fato, o futuro que nos espera — apenas que será muito diferente. Corremos o risco de viver num mundo muito pior, porque os desafios de obter água limpa, comida suficiente e boa saúde para todos serão ainda maiores do que hoje.

Para concluir, vejamos alguns outros desafios, alguns exemplos que ameaçam a vida dos insetos, local e globalmente.

Primeiramente, o uso que fazemos da terra. É, sem dúvida, a ameaça mais grave. Usamos as áreas agricultáveis de forma cada vez mais intensiva e isso significa menos hábitats. Há menos áreas de florestas tropicais, menos canteiros de flores nas lavouras e mais áreas densamente povoadas nas cidades. Há menos áreas de floresta natural, nas quais árvores velhas e mortas cumprem seu papel de abrigar a diversidade de insetos. Tudo isso também significa mais luz artificial, que afeta o comportamento de diversas espécies de insetos.

Em segundo lugar, mudanças climáticas. Um planeta mais quente, mais úmido e com cenários mais extremos é o que temos pela frente, mas o que significam essas mudanças para os insetos?

Em terceiro lugar, desafios relacionados aos pesticidas e às novas técnicas de engenharia genética. Um campo imenso, com muitas perguntas ainda por responder.

Por último, a introdução de espécies exóticas e seu efeito sobre os insetos. Como lidar com "pecados antigos" nessa área? É possível reverter o que foi feito e isso seria uma prioridade? Ao mesmo tempo que exterminamos as espécies, as mudanças que causamos ao planeta também criam espaço para o surgimento de novas espécies, impulsionadas pela dinâmica da evolução. Até que ponto a natureza suportará isso e como devemos olhar para nós mesmos no contexto de milhões de outras espécies?

O sapo que você não quer beijar

Nas florestas da América do Sul vive uma rã venenosa dourada extremamente tóxica. Seu nome científico não deixa dúvidas: *Phyllobates terribilis*. Não é o tipo de sapo que você vai querer beijar para encontrar um príncipe encantado. Se insistir, você certamente morrerá em poucos minutos. Estamos falando de uma das neurotoxinas mais poderosas que conhecemos, a batracotoxina. Uma rã dessas contém cerca de um miligrama de veneno, mais ou menos o peso de alguns grãos de sal, o bastante para matar dez homens adultos. Vale também mencionar que não existe antídoto contra ele.

Essa pequena rã, do tamanho de uma ameixa, era muito comum em trechos da floresta tropical colombiana. Os nativos locais costumavam passar a ponta das suas flechas no dorso da rã para infectá-las com veneno suficiente para matar qualquer alvo que atingissem.

A indústria farmacêutica apropriou-se do veneno encontrado nas rãzinhas douradas da floresta tropical. Os primeiros testes indicaram que, em doses adequadas, o veneno era um analgésico extremamente eficaz. Além disso, como afeta o transporte de sódio entre as membranas celulares, o veneno também pode ser importante para compreendermos uma série de doenças correlatas, como a esclerose múltipla. Alguns exemplares foram capturados para pesquisas mais aprofundadas, e adivinhe o que aconteceu quando levaram as rãs para o laboratório... Elas haviam deixado de ser venenosas.

A natureza é mais insondável do que imaginamos. A rã não é venenosa, mas fabrica o veneno desde que esteja vivendo no seu hábitat natural. Por quê? Depois de uma investigação sherlockiana, agora sabemos que o veneno provém de uma dieta de — você já sabe, claro, afinal este é um livro sobre insetos — besouros! Um besouro da família *Melyridae*. Portanto, a rã só é venenosa quando come um determinado tipo de besouro no seu hábitat natural.

O desmatamento da floresta tropical fez com que a rãzinha amarela fosse parar na lista vermelha global de espécies ameaçadas de extinção. Uma luta desesperada para salvar a espécie está em curso, mas as boas notícias são poucas. Além do desaparecimento de hábitats, o comércio de carne de rã disseminou uma doença causada por um fungo (conhecido como Bd) que está dizimando rãs, sapos e salamandras por todo o planeta — um terço dessas espécies corre o risco de sumir do mapa.

Em breve não haverá mais rãs venenosas douradas, nem possibilidade alguma de pesquisar mais a fundo as substâncias que produzem.

Uma paisagem mais variada terá mais insetos

Se quisermos manter a chance de encontrar princípios medicinais ativos, devemos cuidar dos hábitats dessas espécies. Proteger extensões de território com natureza intocada é uma maneira importante de assegurar a existência desses hábitats, seja na floresta tropical, seja no extremo norte da Europa, na Noruega. Alguns insetos são tão especializados e precisam de hábitats tão singulares que não conseguem sobreviver na paisagem urbana, moderna e modificada, daí a necessidade crucial de criar reservas naturais e outras áreas de preservação caso queiramos assegurar sua existência.

Mesmo fora das áreas de conservação, é importante manter o máximo possível de biodiversidade na paisagem natural. Nos bosques, isso significa garantir que haja árvores velhas e mortas suficientes, uma vez que a madeira morta é fundamental para manter a floresta viva. E também para abrigar uma grande parte das espécies da floresta, incluindo insetos que servem de decompositores, polinizadores, disseminadores de sementes, alimento para outros animais e controladores de pragas. Ainda que gradativamente haja mais madeira morta nas florestas norueguesas, a quantidade é inferior a um quinto do que encontramos em áreas correspondentes de florestas naturais não afetadas pela exploração madeireira.

Também na agricultura e nos nossos cenários urbanos podemos obter muitos resultados com recursos simples, que ao mesmo tempo ajudam a embelezar o nosso entorno. Criando um cinturão de árvores e arbustos entre quarteirões e prédios, por exemplo, ou canteiros ao longo de vias, inclusive com floreiras e árvores frutíferas. Ou, ainda, preservando um vasto território com árvores de carvalho, inclusive de troncos ocos. Uma paisagem variada oferece muito mais oportunidades para insetos de várias espécies, e isso contribui para a polinização tanto de flores silvestres como de frutas e hortaliças, pois não dependemos apenas das abelhas para uma polinização boa e eficaz. Trata-se de um trabalho em equipe, com vários atores. Com frequência, moscas, besouros, formigas, vespas e borboletas costumam ser polinizadores menos eficazes que as abelhas e espécies relacionadas. Mas isso é compensado pelo fato de que, no total, aquelas espécies acabam visitando mais flores, porque são mais numerosas. Algumas dessas "não abelhas" também podem ter hábitos únicos e adaptações perfeitamente sintonizadas para realizar uma polinização eficaz.

Dados de dezenas de pesquisas em lavouras de colza, melancia, manga, morango e maçã em cinco continentes nos permitem concluir que as safras tiveram melhor rendimento e resultaram em produtos agrícolas de maior tamanho em lavouras visitadas também por outras espécies de insetos, independentemente da quantidade de abelhas que havia por lá. Isso mostra que esses outros insetos dão sua contribuição singular e trazem benefícios que só as abelhas não conseguem nos oferecer. Também existem diferenças na maneira como diferentes insetos reagem às mudanças na paisagem, e isso é vantajoso para nossa produção de alimentos. A soma de todos eles age como um tipo de polinizador: se alguma espécie não é capaz de fazer o trabalho, outra pode assumir o posto e realizá-lo.

Sabemos que uma biodiversidade preservada torna os ecossistemas mais eficazes na captura de recursos, como água e nutrientes, aumentando a quantidade de biomassa, uma informação fundamental quando sabemos que essa biomassa é justamente o fator mais importante para a produção daquilo que servimos à mesa. Também sabemos que a biodiversidade é fundamental para decompor a biomassa, de modo a liberar os nutrientes e permitir novas colheitas.

Tem cada vez mais apoio a ideia de que uma biodiversidade bem preservada pode deixar os ecossistemas mais estáveis ao longo do tempo. Os mecanismos são vários, uma vez que espécies diferentes possuem características diferentes. Onde uma espécie cresce melhor em verões frescos, outra pode prosperar quando o sol incide com mais força. Quando as espécies recrudescem ou são extintas, a natureza empobrecida nos deixa menos preparados para enfrentar tanto as oscilações naturais quanto as mudanças provocadas pelo homem — por exemplo, no clima.

Não é fácil quantificar o auxílio que os insetos nos dão, mas assim mesmo várias pessoas já tentaram. A polinização que fazem a cada ano, globalmente, é estimada em US$ 577 bilhões em todo o mundo. É quase cinco vezes o orçamento estatal da Noruega. A decomposição de matéria orgânica e a recomposição do solo valem, segundo estimativas, quatro vezes mais que a própria polinização. Embora esses números dependam de vários fatores e sejam bastante incertos, eles mostram que o trabalho dos insetos vale cada centavo e vale a pena cuidar bem deles.

Uma luz problemática

O fato de nós, humanos, nos espalharmos por partes cada vez maiores do globo acarreta também algumas consequências que passam despercebidas no nosso dia a dia, como a poluição luminosa, isto é, a quantidade de luz artificial externa produzida por lâmpadas de rua, casas, cabanas e edifícios industriais. A poluição luminosa aumenta 6% ao ano e interfere nos nossos ecossistemas, inclusive de insetos.

Todos nós sabemos que mariposas são atraídas pela luz. O motivo ainda é objeto de discussão. A teoria principal diz que as mariposas confundem as lâmpadas com a luz da lua, e procuram se orientar a partir de um ângulo fixo em relação à fonte luminosa. Enquanto esse sistema de orientação funciona bem com a lua, que está a milhares de quilômetros de distância, a luz artificial representa uma armadilha para as mariposas, que voam em círculos, desorientadas, e acabam morrendo queimadas.

A iluminação de rua pode alterar a composição local de insetos. A luz artificial refletida por superfícies brilhantes também pode confundir insetos terrestres que depositam seus ovos na água. Onde vemos um carro estacionado sob um poste, a libélula só vê a luz refletida na lataria, pensa que se trata de um lago e ali mesmo põe toda sua produção de ovos — no seco, onde jamais eclodirão.

O que acontecerá com os insetos no longo prazo? Será que a poluição luminosa pode causar uma mudança de comportamento nos insetos, que passarão a evitar a luz? Para testar essa hipótese, cientistas suíços compararam mil larvas da mariposa *Yponomeuta cagnagella*, metade delas em áreas urbanas e metade em zonas rurais. Todas elas passaram a infância sob as mesmas condições de luminosidade, em laboratório. Imediatamente após eclodirem dos ovos, no começo da noite, as larvas foram liberadas em uma grande gaiola feita de tela, com uma fonte de luz no lado oposto. Depois foi só esperar a noite passar para conferir se ambos os grupos de mariposas foram atraídos pela luz na mesma medida. O resultado foi claro: cerca de 30% das mariposas da cidade eram menos atraídas pela luz. Isso sugere que insetos noturnos que viveram geração após geração em ambientes artificialmente iluminados já se adaptaram à luz artificial. Afinal, não faz sentido um enxame de mariposas voando ao redor de um poste para morrerem queimadas ou comidas por predadores que já sabem onde o banquete é servido. O desprezo da maior parte das mariposas urbanas pela luz no experimento pode ser resultado da pressão evolucionária.

Por um lado isso é bom, pois elas estão driblando a morte certa. Por outro lado, pode ter consequências negativas no longo prazo, pois há um preço a pagar: ao evitar a luz, as mariposas urbanas passam mais tempo pousadas.

Consequentemente, a luz artificial em áreas urbanas altera o papel dos insetos no ecossistema. Insetos noturnos terão mais dificuldade de capturar presas que passam a maior parte do tempo escondidas ou imóveis. Flores ativas à noite deixarão de ser polinizadas por insetos menos ativos. Sendo assim, é importante restringir a poluição luminosa e, especialmente, tentar manter a luz artificial longe de áreas naturais que ainda não tenham sido afetadas.

Mais quente, mais úmido, mais extremo — e os besouros com isso?

Sabemos que estamos diante de um futuro no qual o clima será diferente, e isso afetará os insetos direta e indiretamente.

Um desafio que se apresenta é a ruptura da sintonia fina entre as diferentes espécies. Percebemos que muitos processos, como o retorno de aves migratórias às regiões de origem, a decídua ou a floração da primavera, são deslocados no tempo. Eventos diferentes nem sempre se deslocam em sincronia, e este é um grande desafio. Se as aves insetívoras se reproduzirem muito tarde ou cedo demais em relação ao pico de incidência de insetos, pode faltar comida para os filhotes no ninho. Da mesma maneira, a dispersão de sementes de plantas dependentes de insetos para se reproduzirem será afetada, caso floresçam numa época em que os enxames de insetos já não ocorram.

Uma estação particularmente difícil é a primavera, sobretudo diante de "alarmes falsos", prenúncios da estação que ocorrem cedo demais e não se confirmam, despertando insetos adultos da hibernação, atraídos pelo calor e em busca de comida. Quando o gelo retornar, esses insetos sofrerão com o frio e com a fome, uma vez que sua proteção térmica é insuficiente e sua reserva energética também.

Observamos que muitos insetos tentam acompanhar as mudanças climáticas. Seus hábitats podem se deslocar e as espécies podem não acompanhar essa mudança; em vez disso, sua área de distribuição acaba diminuindo. No caso de libélulas e borboletas, já se demonstrou que muitas espécies se tornaram menos difundidas e migraram para o norte. Examinando mapas de distribuição das várias espécies de libélulas e mariposas, verificamos que boa parte delas, especialmente as mais escuras, desapareceu do sul da Europa e procurou refúgio mais ao norte do continente, onde o clima é mais frio. Para os abelhões, simulações indicam que corremos o risco de algo entre 10% e metade das 69 espécies europeias até o ano 2100 devido às alterações climáticas.

No norte europeu, o clima alterado faz aumentar a prevalência de lagartas que se alimentam de folhas, impondo uma enorme pressão às florestas de bétulas, deixadas nuas no tronco. Ao longo de uma década, uma verdadeira epidemia de mariposas causou danos consideráveis às florestas de bétulas na região de Finnmark, extremo norte da Noruega. As epidemias têm efeitos que se propagam por todo o sistema — nutrientes, vegetação e vida selvagem são afetados.

Junto com pesquisadores da Universidade de Tromsø e da Universidade de Ciências Biológicas da Noruega eu pude testemunhar como a depredação causada pelas mariposas afeta um grupo diferente de insetos, os besouros que ajudam a decompor os troncos das bétulas, possibilitando a reciclagem de nutrientes. Nossos resultados indicam que o ataque das mariposas acaba por matar as bétulas rápido demais para que os besouros tenham tempo de fazer o seu trabalho. Eles simplesmente não conseguem responder à súbita abundância de comida com um correspondente aumento de indivíduos. Quais serão os efeitos disso no longo prazo não sabemos, e isso ilustra um ponto fundamental: não temos ideia das consequências que o contínuo aumento da temperatura terá no ecossistema do norte europeu, mas é óbvio que as mudanças serão dramáticas.

Uma vez que me dedico a estudar insetos em carvalhos antigos e ocos, me pergunto como a alteração climática afetará os besouros que vivem neles. Alguns anos atrás, meu grupo de pesquisa, junto com pesquisadores suecos, consolidou uma enorme quantidade de dados sobre as comunidades de besouros e a ocorrência de carvalhos em todo o sul da Suécia e da Noruega. Os carvalhos ocorrem em locais de clima diverso, de tal forma que sua distribuição corresponde em boa parte aos cenários previstos com as mudanças climáticas. Usamos isso para analisar as diferenças nas comunidades de besouros, para descobrir como um clima mais quente, úmido e extremo poderá afetar essas comunidades únicas num futuro próximo.

No nosso estudo, descobrimos que climas mais quentes são bons para espécies mais especializadas e peculiares. Infelizmente, essas espécies também respondem de forma negativa a uma maior incidência de chuva. Isso significa que as mudanças climáticas dificilmente trarão melhores condições para esses insetos em particular. As espécies mais comuns, ao contrário, mostraram pouca resposta ao clima no nosso estudo.

Isso confirma um padrão que é consistente ao longo do nosso tempo, não apenas em face da mudança climática, mas também no geral: as espécies endêmicas e únicas estão sob risco, e as espécies mais comuns passam bem. Assim, uma série de espécies raras e de localizações muito específicas está regredindo, enquanto outras, poucas e mais bem distribuídas, tornam-se ainda mais comuns. A isso damos o nome de homogeneização ecológica: as mesmas espécies vão sendo encontradas em todos os lugares, e a natureza vai se tornando cada vez mais semelhante.

Inseticidas e engenharia genética: devemos e ousaremos?

Todos os anos, aspergimos grandes quantidades de substâncias químicas deliberadamente com o propósito de exterminar insetos. É para isso que servem os inseticidas usados na agricultura, em casas e jardins particulares.

Muitos acreditam que o uso intensivo de pesticidas agrícolas é o preço que temos de pagar para alimentar uma população cada vez maior por meio da agricultura industrial. Outros dirão que devemos agir de maneira mais ecológica e usar as ferramentas que a natureza nos oferece, mesmo que isso implique uma redução das lavouras e das colheitas.

É uma discussão muito extensa para este livro, mas é fato que há uma evidência grande e crescente de que neonicotinoides, um grupo de inseticidas amplamente usados, têm uma série de efeitos adversos. Esses pesticidas afetam tanto a navegação quanto a defesa imunológica de abelhas melíferas e silvestres, e pode ser uma das razões para que essas espécies estejam em franco declínio.

Recentemente, nós, humanos, ganhamos uma ferramenta nova na luta contra os insetos que nos são prejudiciais. Estou falando da manipulação genética, em particular de um método mais conhecido pelo enigmático nome de CRISPR/Cas9. O método funciona como uma tesoura que pode "recortar" sequências genéticas e eliminar ou alterar o DNA de certos organismos. Esse método pode ser associado a outro, que chamamos de acelerador genético, para garantir que a mudança seja rapidamente herdada por todos os descendentes.

A malária é causada por um pequeno parasita e disseminada por mosquito que pica uma pessoa infectada e o transmite para outra, sadia, ao lhe sugar o sangue. Anualmente, morrem de malária cerca de meio milhão de pessoas, a maioria com menos de 5 anos. Ainda assim, é bem menos do que há apenas quinze anos, graças a medidas simples, como o uso de mosquiteiros repelentes. Agora temos à disposição uma ferramenta que, num cenário mais extremo, pode erradicar o mosquito da malária de uma vez por todas. Isso pode ser alcançado por meio da esterilização maciça das fêmeas ou garantir que os descendentes do mosquito sejam todos do mesmo sexo.

A pergunta atual, debatida pelo Conselho Norueguês de Biotecnologia em vários fóruns, é se nós devemos e ousaremos dispor de tal recurso na natureza. Sabemos muito pouco sobre os desdobramentos desse recurso. Não sabemos, por exemplo, quais serão os efeitos nos ecossistemas. E se, ao erradicarmos uma espécie, uma outra assumir seu papel de vetor na disseminação de doenças? Por tudo que sabemos, pode ser ainda pior que o cenário original.

Outra questão é se esse recurso pode levar a mutações indesejáveis, com consequências que sequer sonhamos. Cenários de terror, como a esterilidade espalhando-se para outros organismos, não podem ser descartados. O importante aqui é "apressar-se lentamente", como se diz na Noruega, ou seja, proceder com extremo cuidado. Antes de recorrer a novas ferramentas de engenharia genética para alterar geneticamente ou erradicar insetos que disseminam doenças graves, devemos nos prevenir melhor contra consequências indesejáveis.

O fim dos abelhões gigantes

Nós, humanos, já mudamos muitas coisas neste planeta. Algumas, entretanto, não podemos mudar, como a extinção, pelas mãos dos nossos ancestrais, da maioria dos animais de grande porte há dezenas de milhares de anos, de continente a continente. Lá se foram o mamute, o tigre-dentes-de-sabre e a preguiça gigante. Junto com eles provavelmente desapareceu uma grande variedade de insetos, associados a esta megafauna de diversas maneiras, mas dos quais não sabemos quase nada.

Outras mudanças ocorreram em datas mais recentes. Na época das grandes navegações, marinheiros levavam gatos, ratos e outros predadores para as ilhas onde se aventuravam e lá os deixavam à própria sorte. As espécies nativas, indefesas diante desses novos inimigos, não tinham tempo de se adaptar.

Continuamos a transportar espécies em ritmo acelerado. Algumas vezes desavisadamente, outras vezes de propósito, como foi o caso do abelhão *Bombus terrestris*, introduzido na América do Sul para melhorar a polinização de pomares e estufas. Ele se espalhou rapidamente e tomou o lugar da espécie endêmica, *Bombus dahlbomii*, provavelmente ao infectá-la com parasitas para os quais não tinha defesa. O *Bombus dahlbomii* é o maior abelhão do mundo, carinhosamente descrito pelo especialista Steve Goulson como um "monstro fofo, de cor ruiva e aparência aveludada". Logo ele desaparecerá para sempre.

Então, o que vamos fazer com espécies exógenas que ameaçam espécies locais e únicas? São perguntas importantes, difíceis e urgentes, que precisam ser debatidas em sociedade. Em alguns lugares, como na Nova Zelândia, é preciso agir imediatamente. Lá o governo lançou, para eliminar ratos, gambás e arminhos, espécies exógenas que matam cerca de 25 milhões de pássaros a cada ano.

Muitas outras nações insulares sofrem com o mesmo problema. Esse desafio pode ser ilustrado com um relato australiano sobre o bicho-pau que se acreditava extinto devido a uma invasão de ratos-pretos, porém foi redescoberto vivo décadas mais tarde.

Erradicar os ratos?

No dia 15 de junho de 1918, o vapor SS Makambo, carregado de frutas e vegetais, encalhou ao largo da ilha Lord Howe, no meio do Pacífico tropical, um território do extremo leste australiano, cujos poucos habitantes estavam isolados do continente principal por mais de 600 quilômetros de mar. Nesse relato não há os que morreram, mas os que de fato alcançaram a terra firme: os ratos. Ao longo dos nove dias que levou o conserto do navio, um número desconhecido de ratos-pretos conseguiu nadar até a ilha Lord Howe, que se mantivera isolada no mar durante milhões de anos. Ali espécies únicas evoluíram; espécies jamais encontradas em qualquer outro lugar do mundo. Mas os ratos não foram lá para relaxar na praia. Lembra-se do livro *A lagartinha esfomeada* que mencionei anteriormente? Ela, que comia uma maçã na segunda-feira, duas peras na terça e terminava engolindo laranjas, salsichas inteiras, sorvete e bolo de chocolate antes do fim de semana chegar? Foi mais ou menos isso que fizeram os ratos na ilha Lord Howe, que devoraram não um exemplar, mas espécies singulares inteiras, uma atrás da outra. Durante os primeiros anos, estima-se que os ratos deram cabo de pelo menos 5 espécies de pássaros e 13 animais de pequeno porte desconhecidos em outras partes do mundo.

Um desses animais era o bicho-pau gigante, igualzinho àqueles insetos amarronzados que parecem um graveto seco. Mas este não era um graveto seco. Era um inseto muito especial, o mais pesado da sua espécie, do tamanho de uma salsicha, escuro, brilhante e sem asas, apelidado de "tree lobster", isto é, "lagosta arbórea". Ou *Dryococelus australis*, se quiser enriquecer seu latim. Esse inseto, como se viu, foi um verdadeiro banquete para os ratos esfomeados. Já em 1920, a espécie foi declarada extinta, um efeito colateral atrasado do naufrágio ocorrido dois anos antes.

Mas essa história teve uma reviravolta. Aquele território isolado tinha outra fronteira. A cerca de 20 quilômetros de distância da ilha Lord Howe fica a Pirâmide de Ball, um estreito e escarpado rochedo marítimo, equivalente a um arranha-céu de 500 metros de altura, que atraiu alpinistas aventureiros ao longo de décadas. Depois que o rochedo (junto com a ilha Lord Howe) adquiriu status de patrimônio mundial em 1982, somente expedições científicas são autorizadas a visitá-lo. Como persistia o boato de que haveria "lagostas arbóreas" por lá, uma grande leva de alpinistas, disfarçados de entomologistas, obtinha permissão e acorreu para a ilhota a pretexto de "realizar pesquisas", não em busca do raro bicho-pau, mas apenas com o objetivo de escalar até o pico da escarpa. Por fim, o encarregado de emitir as permissões cansou-se da brincadeira e decidiu pôr fim aos rumores de uma vez por todas.

Em 2001, dois pesquisadores, acompanhados de dois assistentes, visitaram o rochedo com esse fim. Escalaram a parede íngreme sem avistar nenhuma "lagosta arbórea", mas ao descer descobriram um pequeno arbusto do mesmo tipo que servia de alimento para o inseto, espremido numa fenda da escarpa. Ali mesmo também avistaram alguns excrementos, que pareciam recentes. Por mais que procurassem, não conseguiram encontrar nenhum bicho-pau, então só havia uma coisa a fazer: repetir a escalada à noite, pois os maiores insetos-pau do mundo são conhecidos por terem hábitos noturnos.

Equipados com lanternas e câmeras, os pesquisadores testemunharam o que parecia ser um sonho. Lá, no meio do que seria o único arbusto em todo o rochedo, ficaram cara a cara com 24 enormes insetos-pau.

Ninguém sabe dizer como foram parar ali desde a ilha Lord Howe, onde foram extintos em 1920. Quando não se pode voar ou nadar, uma travessia de 20 quilômetros em mar aberto é um desafio e tanto. A melhor hipótese é que um ovo ou uma fêmea grávida tenha pegado carona num pássaro ou em alguma vegetação à deriva, e os insetos conseguiram a façanha de sobreviver por pelo menos 80 anos no inóspito penhasco marítimo, quase sem vegetação.

Os trâmites burocráticos que se seguiram é melhor nem mencionar. Depois de dois anos de vaivém de documentos, foi autorizada a retirada de dois machos e duas fêmeas do penhasco para se dar início a um programa de repopulação da espécie. Dois desses exemplares (batizados de Adão e Eva, naturalmente) resistiram por um fio e hoje há uma razoável quantidade desses insetos-pau em vários zoológicos, inclusive na Europa.

Mas eis que surgiu a questão de recolocá-los na ilha Lord Howe, onde a espécie de fato pertencia, pois um rochedo com um único arbusto não é local adequado para estabelecer uma população viável do bicho-pau. Na ilha, no entanto, permanecia a ameaça representada pelos ratos. Sem que fossem eliminados, não haveria por que reintroduzir os insetos. Aliás, o bicho-pau não seria o único beneficiado com o extermínio dos ratos. Além dele, 13 espécies de aves e répteis estão ameaçadas de extinção caso os ratos se mantenham ali. Por isso, as autoridades puseram em prática um plano para acabar com os ratos de uma vez por todas, e para tanto serão tomadas medidas extremas. Quarenta e duas toneladas de cereais envenenados serão despejados na ilha por helicópteros, uma missão nada simples de ser executada.

Primeiramente, outros animais e não só os ratos podem ingerir os cereais; entre eles, pássaros que se quer proteger. Portanto, a ideia é capturar as espécies de aves mais vulneráveis numa espécie de Arca de Noé provisória e só soltá-las novamente depois da chuva de cereal venenoso. Mas quais consequências isso terá, por exemplo, para a diversidade genética das aves, uma vez que não será possível capturar todos os indivíduos?

Algumas pessoas estão preocupadas. Há apenas 350 almas vivendo na ilha, mas nem todas querem que chova cereal venenoso sobre suas cabeças, embora as autoridades assegurem que isso não será feito próximo às casas. Outros simplesmente acham que o bicho-pau é tão repugnante e merecedor de ser exterminado quanto os próprios ratos. Para a biologia da conservação, o que pensamos e sentimos tem tanto valor como as espécies que estamos tentando preservar.

Novos tempos, novas espécies

A natureza é resistente e está em constante adaptação. Novas espécies vão surgindo à medida que nós, humanos, criamos novas oportunidades. Como nas profundezas de Londres, nos túneis inóspitos e úmidos do famoso metrô da cidade, conhecido como "The Tube", lar de um mosquito único. Ele pertence à *Culex pipiens*, a mesma espécie do mosquito hematófago mais comum nas áreas urbanas, mas evoluiu para uma forma genética específica (chamada *molestus*), incapaz de gerar descendentes se cruzar com seu parente que vive na superfície. Presume-se que algumas fêmeas foram descendo pelas galerias há alguns anos, talvez durante a construção do metrô em 1863, e desde então o mosquito metroviário de Londres vive uma existência à parte, geração após geração.

Eles ficaram famosos durante a Segunda Guerra Mundial, picando as pessoas que buscavam refúgio nas galerias do metrô durante os bombardeios em Londres. Hoje, as condições do metrô londrino são muito melhores do que na época da guerra, e, embora animais como veados, raposas, morcegos, pica-paus, pardais, tartarugas e salamandras já tenham sido avistados passeando pelos túneis, os mosquitos costumam ter como companhia apenas ratos e camundongos.

Análises mostraram que o material genético do mosquito varia entre linhas e estações — os mosquitos da linha Picadilly são diferentes dos mosquitos da linha Central —, mas tais diferenças não são grandes o bastante para que se acasalem uns com os outros. A hipótese principal é que todos descendem do mesmo e ousado mosquito que primeiro resolveu tomar o metrô, 150 anos atrás.

Se é verdade que o mosquito evoluiu para uma nova forma genética em apenas 150 anos, temos aqui um exemplo de que a evolução às vezes ocorre muito rapidamente, como é o caso de populações que vivem completamente isoladas. Charles Darwin previu que novas espécies precisariam de dezenas de milhares, ou mesmo centenas de milhares de gerações para surgir. É curioso imaginar que enquanto ele especulava sobre isso, na sua casa nos arredores de Londres, logo após publicar "A origem das espécies" em 1859, uma evolução instantânea estava ocorrendo bem debaixo dos seus pés.

Provavelmente, várias espécies surgirão com a mesma rapidez no futuro, como resultado do deslocamento de espécies pelo planeta que, deliberadamente ou não, nós promovemos. A mosca norte-americana *Rhagoletis pomonella* vivia feliz e contente como larva no espinheiro branco até as maçãs chegarem aos Estados Unidos, levadas da Europa. A mosca agora tem duas formas genéticas distintas — uma que só come as bagas do espinheiro branco e outra que só come maçãs. Em apenas algumas centenas de anos, uma espécie está a caminho de se tornar duas. Até mesmo o parasita dessa mosca está prestes a se dividir em duas espécies, uma para as larvas do espinheiro e outra para as larvas que comem maçãs.

Quando novos insetos surgem e outros desaparecem, o efeito dessa mudança dependerá da espécie que se modificou, pois, como já demonstrei neste livro, insetos diferentes realizam trabalhos diferentes na natureza. Além disso, cada inseto está conectado a outras espécies por meio de adaptações sutilmente estabelecidas, e essas adaptações são a base de todos os bens e serviços que a natureza nos proporciona.

Nós, humanos, por muito tempo desprezamos os serviços que os insetos nos prestam gratuitamente. Devido ao uso intensivo da terra, às mudanças climáticas, aos pesticidas e à migração de espécies, as condições planetárias estão sob perigo de uma mudança tamanha e tão acelerada que corremos o risco de não ter mais os insetos a nosso serviço como antes, por mais adaptável que seja a natureza. Por razões puramente egoístas, devemos, portanto, nos preocupar com o bem-estar desses animais. Cuidar deles é um seguro de vida que fazemos para nossos filhos e netos.

Se tirarmos os olhos do nosso próprio umbigo, perceberemos que se trata mais do que um simples benefício. Nosso planeta é, até onde sabemos, o único lugar a abrigar vida no universo inteiro. Muitos dirão que nós temos o dever moral de limitar nosso domínio, de modo que os milhões de seres que coabitam este planeta conosco também tenham a chance de viver suas vidas, por mais pequenas e estranhas que sejam.

EPÍLOGO

Os insetos e nós compartilhamos um ancestral comum, em algum lugar do nosso passado mais profundo. Embora os insetos tenham chegado muito antes — são mais velhos que nós em algumas centenas de milhões de anos —, todos os seres vivos compartilham uma longa história que une a todos, para o bem e para o mal. E não há dúvida de que precisamos deles. O professor E. O. Wilson, da Universidade Harvard, escreveu: "A verdade é que precisamos desses pequenos seres rastejantes, mas eles não precisam de nós. Se as pessoas desaparecessem amanhã, o mundo continuaria como antes. (...) Mas se os insetos desaparecerem, duvido que os humanos conseguiriam se virar sem eles por mais do que uns poucos meses".

Assim, temos tudo a ganhar zelando pela vida dos insetos. Eu acredito no conhecimento, no diálogo franco e na capacidade que temos de nos entusiasmar com as coisas. Desperte a sua curiosidade sobre os insetos, aproveite o tempo que tem para ver e aprender. Ensine às crianças sobre as esquisitices, curiosidades e utilidades dos insetos. Fale bem deles. Faça do seu jardim um lugar melhor para aqueles que vêm visitar suas flores. Vamos incluir os insetos nas discussões sobre desenvolvimento urbano, agricultura, pecuária e também no orçamento público do lugar onde vivemos. Vamos apreciar o colorido das borboletas, nos admirar com as inter-relações entre os insetos e ser gratos por trabalharem tanto por nós.

Os insetos são estranhos, delicados, esquisitos, divertidos, charmosos, únicos e nunca cessam de nos surpreender. Um entomologista canadense disse certa vez: "O mundo é tão rico em pequenas maravilhas, mas tão pobre em olhos para reparar nelas". Minha esperança com este livro é que mais pessoas reparem no bizarro e maravilhoso mundo dos insetos e na extraordinária vida que levam neste planeta que habitamos juntos.

AGRADECIMENTOS

Ao longo dos anos, foram muitas as boas conversas que tive sobre insetos e temas relacionados. Agradeço à supercolega Tone Birkemoe, da NMBU (Universidade Norueguesa de Ciências da Vida), por seu entusiasmo inesgotável, pelas conversas inspiradoras e pelos comentários sobre o texto. Um viva para todos do grupo Ecologia de Insetos da NMBU, que contribuem para uma defesa entusiasmada dos insetos e para um ambiente de trabalho divertido. Obrigada aos velhos colegas do NINA (Instituto Norueguês de Pesquisa da Natureza, onde ainda tenho o prazer de ter um assistente) — representados aqui pelo diretor de pesquisas Erik Framstad — pelas conversas estimulantes sobre absolutamente tudo que há entre o céu e a terra.

Obrigada a minha família, tanto aos mais próximos como aos mais distantes. Meus pais me ensinaram a ser curiosa sobre tudo que se move ao ar livre, na natureza. Tenho a impressão de que minha mãe leu, ouviu, viu e disse palavras positivas sobre todas as ideias de divulgação científica que tive nos últimos anos. Agradeço ao meu querido Kjetil pela paciência, pelo chá e biscoitos recém-assados servidos nas longas noites de escrita. Quero agradecer também aos nossos filhos, Simen, Tuva e Karine, por todas as alegrias que compartilhamos, e fazer um agradecimento especial a Tuva, pelo olhar sempre aguçado para o meu texto e pelas ilustrações que fez.

Por fim, quero dizer que escrever este livro foi incrivelmente divertido. Foi uma imensa satisfação ter aprendido tantas coisas e ter recebido o apoio da minha editora em todos os instantes. Sou grata por tudo isso e também pelo apoio recebido do De faglitterære fond (Fundo Literário de Não Ficção).

REFERÊNCIAS BIBLIOGRÁFICAS

Indicações de leitura suplementar

Andersen, T., Baranov, V., Hagenlund, L.K. et al. (2016). *Blind Flight*? A New Troglobiotic Orthoclad (Diptera, Chironomidae) from the Lukina Jama – Trojama Cave in Croatia. PLOS ONE 11: e0152884.

Artsdatabanken. Hvor mange arter finnes i Norge? Recuperado em 2017 de https://www.artsdatabanken.no/Pages/205713.

Baust, J. G., & Lee, R. E. (1987). *Multiple stress tolerance in an antarctic terrestrial arthropod: Belgica antarctica. Multiple stress tolerance in an ant- arcticterrestrial arthropod*: Belgica antarctica.

Berenbaum, M. B. (1995). *Bugs in the system*. Addison-Wesley, Reading, Massachusetts.

Bishopp, F. C. (1939). *Domestic mosquitoes*. U.S.D.A. Leaflet No. 186.

Fang, J. (2010). *Ecology*: A world without mosquitoes. *Nature* 466, 432-434.

Guinness World Records. Largest species of beetle. Recuperado em 2017 de http://www.guinnessworldrecords.com/world-records/ largest-species-of-beetle/

Huber, J. T., & Noyes, J. (2013). A new genus and species of fairyfly, Tinkerbella nana (Hymenoptera, Mymaridae), with comments on its sister genus Kikiki, and discussion on small size limits in arthropods. *Journal of Hymenoptera Research* 32, 17-44.

Kadavy, D. R., Myatt, J., Plantz, B. A. et al. (1999). Microbiology of the Oil Fly, Helaeomyia petrolei Applied and Environmental Microbiology 65, 1477-1482.

Kelley, J. L., Peyton, J. T., Fiston-Lavier, A.-S. et al. (2014). Compact genome of the Antarctic midge is likely an adaptation to an extreme environment. *Nature Communications* 5: 4611.

Knapp, EW. 1985. Arthropod pests of horses. Side 297-322 i Williams, R.E., Hall, R. D., Broce, A. B. & Scholl, P. J. (red.): Livestock Entomology. Wiley, New York.

Leonardi, M. & Palma, R. (2013). Review of the systematics, bio- logy and ecology of lice from pinnipeds and river otters. Insecta: Phthiraptera: Anoplura: Echinophthiriidae). *Zootaxa*, 3630(3), 445-466.

Misof, B., Liu, S., Meusemann, K. et al. (2014). Phylogenomics resolves the timing and pattern of insect evolution. *Science* 346: 763-767.

Nesbitt, S. J., Barrett, P.M., Werning, S. et al. (2013). *The oldest dinosaur*? A Middle Triassic dinosauriform from Tanzania. Biology Letters 9.

Shaw, S. R. 2014. *Planet of the bugs*. Evolution and the Rise of Insects. University of Chicago Press, Chicago. Xinhuanet. (2016). World's longest insect discovered in China. Recuperado em 2017 de http://www.xinhuanet.com//english/2016-05/05/c_135336786.htm

Zuk, M. (2011). *Sex on Six Legs*: Lessons on Life, Love, and Language from the Insect World. Houghton Mifflin Harcourt.

CAPÍTULO 1

Alem, S., Perry, C. J., Zhu, X. et al. (2016). Associative Mechanisms Allow for Social Learning and Cultural Transmission of String Pulling in an Insect. *PLOS Biology* 14: el002564.

Arikawa, K. (2001). Hindsight of Butterflies. *BioScience* 51: 219-225.

Arikawa, K., Eguchi, E., Yoshida, A. & Aoki, K. (1980). Multiple extraocular photoreceptive areas on genitalia of butterfly Papilio xuthus. *Nature* 288: 700-702.

Avargués-Weber, A., Portelli, G., Benard, J. et al. (2010). Configural Processing enables discrimination and categorization of face-like stimuli in honeybees. *The Journal of Experimental Biology* 213: 593-601.

Caro, T. M. & Hauser, M. D. (1992). Is there teaching in nonhuman animals? *The Quarterly review of biology* 67:151-74.

Dacke, M. & Srinivasan, M. V. (2008). Evidence for counting in insects. *Animal Cognition* 11: 683-689.

Darwin, C. (1834). Charles Darwin. *The Beagle Diary*. Recuperado em (2017) de http://darwinbeagle.blogspot.no/2009/09/17th-september-1834.html

Darwin, C. (1871). *The descent of man, and selection in relation to sex*. J. London, Murray, .

Elven, H., & Aarvik, L. (2017). *Insekter Insecta*. Recuperado em 2017 de Artsdatabanken https://artsdatabanken.no/Pages/135656.

Falck, M. (2004). La vevkjerringene veve videre. *Insektnytt* 29: 57-60.

Franks, N. R. & Richardson, T. (2006). Teaching in tandem-running ants. *Nature* 439:153-153.

Frye, M. A. (2013). Visual attention: a cell that focuses on one object at a time. *Current Biology* 23: R61-63.

Gonzalez-Bellido, P. T., Peng, H., Yang, J. et al. (2013). Eight pairs of descending visual neurons in the dragonfly give wing motor centers accurate population vector of prey direction. *Proceedings of the National Academy of Sciences* 110: 696-701.

Gopfert, M. C., Surlykke, A. & Wasserthal, L.T. (2002). Tympanal and atympanal 'mouth-ears' in hawkmoths (Sphingidae). Proc Biol Sci 269: 89-95.

Jabr, F. (2012). *How Did Insect Metamorphosis Evolve?* Recuperado em (2017) de https://www.scientificamerican.com/article/insect-metamorphosis-evolution/

Leadbeater, E. & Chittka, L. (2007). Social Learning in Insects - From Miniature Brains to Consensus Building. *Current Biology* 17: R703-R713.

Minnich, D. E. (1929). The chemical sensitivity of the legs of the blow-fly, Calliphora vomitoria Linn., to various sugars. *Zeitschrift flir vergleichende Physiologie* 11:1-55.

Montealegre-Z., E. Jonsson, T. Robson-Brown, K. A. et al. (2012). Convergent Evolution Between Insect and Mammalian Audition. *Science* 338: 968-971.

Munz, T. (2016). *The dancing bees:* Karl von Frisch and the dis covery of the honeybee language. The University of Chicago Press.

NINA. (2017). *Eremitten flyttes til åpen soning.* Recuperado em 2017 de http://www.nina.no/english/News/News-article/ArticleId/4321

Ranius, T., & Hedin, J. (2001). The dispersal rate of a beetle, Osmoderma eremita, living in tree hollows. *Oecologia* 126: 363-370.

Shuker, K. P. N. (2001). *The Hidden Powers of Animals:* Uncovering the Secrets of Nature. Marshall Editions Ltd., London.

Tibbetts, E. A. (2002). Visual signals of individual identity in the wasp Polistes fuscatus. Proceedings of the Royal Society of London. *Series B: Biological Sciences* 269:1423-1428.

CAPÍTULO 2

Banerjee, S., Coussens, N. P., Gallat, F. X. et al. (2016). Structure of a heterogeneous, glycosylated, lipid-bound, in vivo-grown protein crystal at atomic resolution from the viviparous cockroach Diplopterapunctata. *IUCrJ* 3: 282-93.

Birch, J., & Okasha, S. 2015. Kin Selection and Its Critics. *BioScience* 65: 22-32.

Boos, S., Meunier, J., Pichon, S., & Kolliker, M. 2014. Maternal care provides antifungal protection to eggs in the European earwig. *Behavioral Ecology* 25: 754-761.

Borror, D. J., Triplehorn, C. A., & Johnson, N. F. (1989). *An Introduction to the Study of Insects*, Philadelphia, Saunders College Pub.

Brian, M. B. (1978). *Production Ecology of Ants and Termites.* Cambridge University Press.

Eady, P. E., & Brown, D. V. (2017). Male-female interactions drive the (un)repeatability of copula duration in an insect. *Royal Society Open Science* 4:160962.

Eberhard, W. G. (1991). Copulatory courtship and cryptic female choice in insects. *Biological Reviews* 66:1-31.

Fedina, T. Y. (2007). Cryptic female choice during spermatophore transfer in Tribolium castaneum (Coleoptera: Tenebrionidae). *Journal of Insect Physiology* 53: 93-98.

Fleming, N. (2015). *Which lifeform dominates on Earth?* Recuperado em 2017 de http://www.bbc.com/earth/story/20150211-whats-the-most-dominant-life-form.

Folkehelseinstituttet. (2015). *Hjortelusflue.* Recuperado em 2017 de https://www.fhi.no/nettpub/skadedyrveilederen/fluer-og- mygg/hjortelusflue-/

Hamill, J. (2016). *What a buzz kili*: Male bees' testicles EXPLODE when they reach orgasm. Recuperado em (2017) de https://www.thesun.co.uk/news/1926328/male-bees-testicles-explode- when-they-reach-orgasm/

Lawrence, S. E. (1992). Sexual cannibalism in the praying man- tid, Mantis religiosa. a field study. *Animal Behaviour* 43: 569-583.

Liipold, S., Manier, M. K., Puniamoorthy, N. et al. (2016). How sexual selection can drive the evolution of costly sperm ornamentation. *Nature* 533-535.

Maderspacher, F. (2007). All the queen's men. *Current Biology* 17: R191-R195.

Nowak, M. A., Tarnita, C. E. & Wilson, E. O. (2010). The evolution of eusociality. *Nature* 466:1057-1062.

Pitnick, S., Spicer, G. S. & Markow, T. A. (1995). How long is a giant sperm? Nature 375:109-109.

Schwartz, S. K., Wagner, W. E. & Hebets, E. A. (2013). Spontaneous male death and monogyny in the dark fishing spider. *Biology Letters* 9.

Shepard, M., Waddil, V. & Kloft, W. (1973). Biology of the preda-ceous earwig Labidurariparia (Dermaptera: Labiduri- dae). *Annals of the Entomological Society of America* 66: 837-841.

Sivinski, J. (1978). Intrasexual aggression in the stick insects Dia-pheromera veltet and D. Covilleae and sexual dimorphism in the phasmatodea. *Psyche* 85:395-405.

Williford, A., Stay, B. & Bhattacharya, D. (2004). Evolution of a novel function: nutritive milk in the viviparous cockroach, Diplopterapunctata. *Evolution & Development* 6: 67-77.

CAPÍTULO 3

Britten, K. H., Thatcher, T. D. & Caro, T. (2016). Zebras and Biting Flies: Quantitative Analysis of Reflected Light from Zebra Coats in Their Natural Habitat *PLOS ONE* 11: e0154504.

Caro, T., Izzo, A., Reiner Jr., R.C. et al. (2014). The function of zebra stripes. *Nature Communications* 5: 3535.

Caro, T., & Stankowich, T. (2015). Concordance on zebra stripes: a comment on Larison et al. (2015). *Royal Society Open Science* 2.

Darwin, C. (1860). *Darwin Correspondence Project*. Recuperado em (2017) de http://www.darwinproject.ac.uk/letter/DCP-LETT-2814.xml

Dheilly, N. M., Maure, E., Ravallec, M. et al. (2015). Who is the puppet master? Replication of a parasitic wasp-associated virus correlates with host behaviour manipulation. *Proceedings of the Royal Society B: Biological Sciences* 282.

Eberhard, W. G. (1980). The natural history and behavior of the bolas spider MastophoraDizzydeani SP. n. (Araneidae). *Psyche* 87:143-169.

Haynes, K. F., Gemeno, C., Yeargan, K.V. et al. (2002). Aggressive chemical mimicry of moth pheromones by a bola's spider: how does this specialist predator attract more than one species of prey? *Chemoecology* 12:99-105.

Larison, B., Harrigan, R. J., Thomassen, H. A. et al. (2015). How the zebra got its stripes: a problem with too many Solutions. *Royal Society Open Science* 2.

Libersat, F. & Gal, R. (2013). What can parasitoid wasps teach us about decision-making in insects? *Journal of Experimental Biology* 216: 47-55.

Marshall, D. C. & Hill, K.B.R. (2009). Versatile aggressive mimicry of cicadas by an Australian predatory katydid. *PLOS ONE* 4: e4185.

Melin, A. D., Kline, D. W., Hiramatsu, C., & Caro, T. 2016. Zebra stripes through the eyes of their predators, zebras, and hu- mans. *PLOS ONE* 11: e0145679.

Yeargan, K.V. 1994. Biology of bolas spiders. Annual Review of Entomology 39: 81-99.

CAPÍTULO 4

Babikova, Z., Gilbert, L., Bruce, T. J. A. et al. (2013). Underground signals carried through common mycelial networks warn neighbouring plants of aphid attack. *Ecology Letters* 16: 835-843.

Barbero, E, Patricelli, D., Witek, M. et al. (2012). Myrmica Ants and Their Butterfly Parasites with Special Focus on the Acoustic Communication. *Psyche* 2012:11.

Dangles, O., & Casas, J. (2012). The bee and the turtle: a fable from Yasuni National Park. *Frontiers in Ecology and the Environment* 10: 446-447.

de la Rosa, C. L. (2014). Additional observations of lachryphagous butterflies and bees. *Frontiers in Ecology and the Environment* 12: 210-210.

Department of Agriculture and Fisheries, B.Q. 2016. *The prickly pear story.* Recuperado em 2017 de https://www.daf.qld.gov.au/__data/assets/pdf_file/0014/55301/IPA-Prickly-Pear-Story-PP62.pdf

Ekblom, R. (2007). Smorbollsflugornas fantastiska värld. *Fauna och Flora* 102: 20-22.

Evans, T. A., Dawes, T. Z., Ward, P. R. & Lo, N. (2011). Ants and termites increase crop yield in a dry climate. *Nature Communications* 2: 262.

Grinath, J. B., Inouye, B. D. & Underwood, N. (2015). Bears benefit plants via a Cascade with both antagonistic and mutualistic interactions. *Ecology Letters* 18:164-173.

Hansen, L. O. (2015). Maridalens Venner. Pollinerende insekter i Maridalen. Årsskrift 2015.132 s. Maridalens Venner.

Holldobler, B. & Wilson, E. O. (1994). *Journey to the ants*: A story of scientific exploration. Belknap Press of Harvard University Press, Cambridge, Massachusetts.

Lengyel, S., Gove, A. D., Latimer, A. M. et al. (2010). Convergent evolution of seed dispersal by ants, and phylogeny and biogeography in flowering plants: A global survey. *Perspectives in Plant Ecology Evolution and Systematics* 12: 43-55.

McAlister, E. (2017). *The secret life of flies*. London, Natural History Museum.

Midgley, J. J., White, J. D. M., Johnson, S. D. & Bronner, G. N. (2015). Faecal mimicry by seeds ensures dispersal by dung beetles. *Nature Plants* 1:15141.

Moffett, M. W. (2010). Adventures among Ants. *A Global Safari with a Cast of Trillions. University of California Press.*

Nedham, J. (1986). *Science and Civilisation in China.* Volume 6, Biology and Biological Technology. Part 1: Botany. Cambridge University Press, Cambridge, UK.

Oliver, T. H., Mashanova, A., Leather, S. R. et al. (2007). Ant semiochemicals limit apterous aphid dispersal. *Proceedings of the Royal Society B: Biological Sciences* 274: 3127-3131.

Patricelli, D., Barbero, E., Occhipinti, A. et al. (2015). Plant defences against ants provide a pathway to social parasitism in butterflies. *Proceedings of the Royal Society B: Biological Sciences* 282: 20151111.

Simard, S. W., Perry, D. A., Jones, M. D. et al. (1997). Net transfer of carbon between ectomycorrhizal tree species in the field. *Nature* 388: 579-582.

Stiling, P., Moon, D. & Gordon, D. (2004). Endangered cactus restoration: Mitigating the non-target effects of a biological control agent (Cactoblastis cactorum) in Florida. *Restoration Ecology* 12: 605-610.

Stockan, J. A., & Robinson, E.J.H. (red.). (2016). *Wood Ant Ecology and Conservation*. Ecology, Biodiversity and Conservation. Cambridge University Press, Cambridge.

Wardle, D. A., Hyodo, F., Bardgett, R. D. et al. (2011). Long-term aboveground and belowground consequences of red wood ant exclusion in boreal forest. *Ecology* 92: 645-656.

Warren, R. J., & Giladi, I. (2014). Ant-mediated seed dispersal: A few ant species (Hymenoptera: Formicidae) benefit many plants. *MyrmecologicalNews* 20:129-140.

Zimmermann, H. G., Moran, V. C. & Hoffmann, J. H. (2001). The renowned cactus moth, Cactoblastis cactorum (Lepidoptera: Pyralidae): Its natural history and threat to native Opuntia floras in Mexico and the United States of America. *Florida Entomologist* 84: 543-551.

CAPÍTULO 5

Bartomeus, L., Potts, S. G., Steffan-Dewenter, I. et al. (2014). Contribution of insect pollinators to crop yield and quality varies with agricultural intensification. PeerJ 2: e328.

Crittenden, A. N. (2011). The Importance of Honey Consumption in Human Evolution. *Food and Foodways* 19: 257-273.

Davidson, L. 2014. *Don't panic, but we could be running out of chocolate*. Recuperado em 2017 de http://www.telegraph.co.uk/finance/newsbysector/retailandconsumer/11236558/Dont-panic-but-we-could-be-running-out-of-chocolate.html

DeLong, D. M. (2014). *Homoptera*. Recuperado em 2017 de https://www.britannica.com/animal/homopteran

Harpaz, I. (1973). *Early entomology in the Middle East*. S. 21-36 i Smith, R. F., Mittler, T. E. & Smith, C. N. (red.). History of entomology. Annual Re vie w, Palo Alto, California.

Hogendoorn, K., Bartholomaeus, F. & Keller, M. A. (2010). Chemical and sensory comparison of tomatoes pollinated by bees and by a pollination wand. *Journal of Economic Entomology* 103:1286-1292.

Hornetjuice.com. *About Hornet juice*. Recuperado em (2017) de https://www.hornetjuice.com/what/

Isack, H. A. & Reyer, H. U. (1989). Honeyguides and honey gatherers: interspecific communication in a symbiotic relationship. *Science* 243:1343-1346.

Klatt, B. K., Holzschuh, A., Westphal, C. et al. (2014). Bee pollination improves crop quality, shelf life and commercial value. Proceedings of the Royal Society B: *Biological Sciences* 281.

Klein, A. -M., Steffan-Dewenter, I. & Tscharntke, T. (2003). Bee pollination and fruit set of Coffea arabica and C. canephora (Rubiaceae). *American Journal of Botany* 90:153-157.

Lomsadze, G. (2012). *Report*: Georgia Unearths the World'sOldest Honey. Recuperado em 2017 de http://www.eurasianet.org/node/65204

Ott, J. (1998). The Delphic bee: Bees and toxic honeys as pointers to psychoactive and other medicinal plants. *Economic Botany* 52: 260-266.

Spottiswoode, C. N., Begg, K. S. & Begg, C. M. (2016}. Reciprocal signaling in honeyguide-human mutualism. *Science* 353: 387-389.

Språkrådet. (2015). Språklig insekt i mat. Recuperado em (2017) de https://www.sprakradet.no/Vi-og-vart/Publikasjoner/Spraaknytt/spraknytt-2015/spraknytt-12015/
Totland, 0., Hovstad, K. A., Ødegaard, F. & Åstrom, J. 2013. *Kunnskapsstatus for insektpollinering i Norge* – betydningen av det komplekse samspillet mellom planter og insekter. Artsdatabanken, Norge.

Wotton, R. 2010. What is manna? Opticonl 826.

CAPÍTULO 6

Barton, D. N., Vågnes Traaholt, N., Blumentrath, S., & Reinvang, R. (2015). Naturen i Oslo er verdt milliarder. Verdsetting av urbane økosystemtjenester fra grønnstruktur. *NINA Rapport* 1113. 21 s.

Cambefort, Y. 1987. Le scarabée dans TÉgypte ancienne. Origine et signification du symbole. *Revue de Hiistoire des religions* 204: 3-46.

Dacke, M., Baird, E., Byrne, M. et al. (2013). Dung Beetles Use the Milky Way for Orientation. *Current Biology* 23: 298-300.

Direktoratet for naturforvaltning. 2012. Handlingsplan for utvalgt naturtype hule eiker. *DN Rapport* 1-2012. 80 s.

Eisner, T. & Eisner, M. (2000). Defensive use of a fecal thatch by a beetle larva (Hemisphaerota cyanea). *Proceedings of the National Academy of Sciences of the United States of America* 97: 2632-2636.

Evju, M. (red.), Bakkestuen, V., Blom, H., Brandrud, T. E., Bratli, H. N. B., Sverdrup-Thygeson, A. & Ødegaard, F. (2015). Oaser for artsmangfoldet - hotspot-habitater for rødlistearter. *NINA* Temahefte 61. 48 s.

Goff, M. L. 2001. A fly for the prosecution: how insect evidence helps solve crimes. Harvard University Press, Cambridge, Mass.

Gough, L. A., Birkemoe, T., & Sverdrup-Thygeson, A. (2014). Reactive forest management can also be proactive for wood-living beetles in hollow oak trees. *Biological Conservation* 180: 75-83.

Jacobsen, R. M. (2017). Saproxylic insects influence community assembly and succession of fungi in dead wood. *PhD thesis*, Norw. Univ. of Life Sciences.

Jacobsen, R. M., Birkemoe, T., & Sverdrup-Thygeson, A. (2015). Priority effects of early successional insects influence late successional fungi in dead wood. *Ecology and Evolution* 5: 4896-4905.

Jones, R. (2017). *Call of nature*: the secret life of dung. Pelagic Publishing, Exeter, UK.

Ledford, H. (2007). T*he tell-tale grasshopper*. Can forensic science rely on the evidence of bugs? http://www.nature.com/news/2007/070619/full/news070618-5.html.

McAlister, E. (2017). *The secret life of flies*. Natural History Museum, London.

Parker, C. B. (2007) *Buggy*: Entomology prof helps unravel murder. Recuperado em 2017 de https://www.ucdavis.edu/news/buggy-entomology-prof-helps-unravel-murder/

Pauli, J. N., Mendoza, J. E., Steffan, S.A. et al. (2014). A syndrome of mutualism reinforces the lifestyle of a sloth. *Proceedings of the Royal Society B: Biological Sciences* 281.

Pilskog, H. (2016). Effects of climate, historical logging and spatial scales on beetles in hollow oaks. *PhD thesis*, Norw. Univ. of Life Sciences.

Savage, A. M., Hackett, B., Guénard, B. et al. (2015). Fine-scale heterogeneity across Manhattan's urban habitat mosaic is associated with variation in ant composition and richness. *Insect Conservation and Diversity* 8: 216-228.

Storaunet, K. O., & Rolstad, J. (2015). Mengde og utvikling av død ved produktiv skog i Norge. Med basis i data fra Landsskog- takseringens 7. (1994-1998) og 10. takst (2010-2013). *Oppdragsrapport* 06/2015, Norsk institutt for skog og landskap, Ås

Strong, L. (1992). Avermectins – a review of their impact on insects of cattle dung. Bulletin of Entomological Research 82: 265-274.

Simtari, M., Majaneva, M., Fewer, D. P. et al. (2010). Molecular evidence for a diverse green algal community growing in the hair of sloths and a specific association with Trichophilus welckeri (Chlorophyta, Ulvophyceae). *BMC Evolutionary Biology* 10: 86.

Sverdrup-Thygeson, A., Brandrud T. E. (red.), Bratli, H. et al. 2011. Hotspots – naturtyper med mange truete arter. En gjennomgang av Rødlista for arter 2010 i forbindelse med ARKO-prosjektet. *NINA Rapport* 683. 64 s.

Sverdrup-Thygeson, A., Skarpaas, O., Blumentrath, S. et al. (2017). Habitat connectivity affects specialist species richness more than generalists in veteran trees. *Forest Ecology and Management* 403: 96-102.

Sverdrup-Thygeson, A., Skarpaas, O., & Odegaard, F. (2010). Hollow oaks and beetle conservation: the significance of the surroundings. *Biodiversity and Conservation* 19: 837-852.

Vencl, F. V., Trillo, P. A., & Geeta, R. 2011. Functional interactions among tortoise beetle larval def enses reveal trait suites and escalation. Behavioral Ecology and Sociobiology 65: 227-239.

Wall, R., & Beynon, S. 2012. Area-wide impact of macrocyclic lactone parasiticides in cattle dung. *Medical and Veterinary Entomology* 26:1-8.

Welz, A. (2014). *Bird-killing vet drug alarms European conservationists*. Recuperado em (2017) de https://www.theguardian.com/environment/nature-up/2014/mar/11/bird-killing-vet-drug-alarms-european-conservationists

Youngsteadt, E., Henderson, R.C., Savage, A. M. et al. (2015). Habitat and species identity, not diversity, pre diet the extent of refuse consumption by urban arthropods. *Global Change Biology* 21:1103-1115.

Ødegaard, E, Hansen, L. O. & Sverdrup-Thygeson, A. (2011). Dyremøkk – et hotspot-habitat. Sluttrapport under ARKO-prosj ektets periode II. *NINA Rapport* 715. 42 s. NINA

Ødegaard, E. Sverdrup-Thygeson, A., Hansen, L. O. et al. (2009). Kartlegging av invertebrater i fem hotspot-habitattyper. Nye norske arter og rødlistearter 2004-2008. *NINA Rapport* 500. 102 s.

CAPÍTULO 7

Andersson, M., Jia, Q., Abella, A. et al. (2017). Biomimetic spinning of artificial spider silk from a chimeric minispidroin. *Nature Chemical Biology* 13: 262-264.

Apéritif.no. (2014). De nødvendige tanninene. Recuperado em (2017) de https://www.aperitif.no/artikler/de-nodvendige-tanninene/169203

Bower, C. F. (1991). *Mind Your Beeswax*. Recuperado em 2017 de https://www.catholic.com/magazine/print-edition/mind-your-beeswax

Copeland, C. G., Bell, B.E., Christensen, C. D. & Lewis, R. V. 2015. Development of a Process for the Spinning of Synthetic Spider Silk. *ACS Biomaterials Science & Engineering* 1: 577-584.

Europalov.no. (2013). *Tilsetningsf or ordningen*: endringsbestemmelser om bruk av stoffer på eggeskall. Recuperado em (2017) de http://europalov.no/rettsakt/tilsetningsforordningen-endringsbestemmelser-om-bruk-av-stoffer-pa-eggeskall/id-5444

Fagan, M. M. (1918). *The Uses of Insect Galls*. The American Naturalist 52:155-176.

Food and Agriculture Organization of the United Nations. *FAO STATS*: Live Animals. Recuperado em (2017) de http://www.fao.org/ faostat/en/#data/QA

International Sericultural Commission (ISC). *Statistics*. Recuperado em 2017 de http://inserco.org/en/statistics

Koeppel, A. & Holland, C. (2017). Progress and Trends in Artificial Silk Spinning: A Systematic Review. *ACS Biomaterials Science & Engineering* 3: 226-237.10.1021/acsbiomaterials.6b00669

Lovdata. 2013. *Forskrift om endring i forskrift om tilsetningsstoffer til næringsmidler.* Recuperado em (2017) de https://lovdata.no/dokument/LTI/forskrift/2013-05-21-510

Oba, Y. (2014). Insect Bioluminescence in the Post-Molecular Biology Era. - Side 94-120 i *Insect Molecular Biology and Ecology*. CRC Press.

Osawa, K., Sasaki, T. & Meyer-Rochow, V. (2014). New observations on the biology of Keroplatus nipponicus Okada 1938 (Diptera; Mycetophiloidea; Keroplatidae), a bioluminescent fungivorous insect. Entomologie Heute 26:139-149. Ottesen, P. S. 2000. Om gallveps (Cynipidae) og jakten på det forsvunne blekk. *Insekt-nytt* 25.

Rutherford, A. (2012). *Synthetic biology and the rise of the 'spider-goats'*. Recuperado em 2017 de https://www.theguardian.com/science/2012/jan/14/synthetic-biology-spider-goat-genetics

Seneca den eldre. Latin text & translations, Seneca the Elder, *Excerpta Controversiae* 2.7. Recuperado em 2017 de http://perseus.uchicago.edu/perseus-cgi/citequery3.pl?dbname=LatinAugust2012&getid=0&query=Sen.%20Con.%20ex.%202.7

Shah, T. H., Thomas, M. & Bhandari, R. 2015. Lac production, constraints and management – a review. *International Journal of Current Research* 7:13652-13659.

Sutherland, T. D., Young, J.H., Weisman, S. et al. (2010). *Insect silk*: one name, many materials. Annu Rev Entomol 55:171-188. Sveriges lantbruksuniversitet. 2017.

Spinning spider silk is now possible. Recuperado em 2017 de http://www.slu.se/en/ewnews/2017/l/spinning-spider-silk-is-now-possible/

Tomasik, B. (2017). Insect Suffering from Silk, Shellac, Carmine, and Other Insect Products. Recuperado em (2017) de http://reducing-suffering.org/insect-sufferin g-silk-shellac-carmine-insect-products/

Wakeman, (2015). *The Origin & Many Uses of Shellac.* Recuperado em 2017 de https://www.antiquephono.org/the-origin-many- uses-of-shellac-by-r-j-wakeman/

Zinsser & Co. (2003). The Story of Shellac. Recuperado em 2017 de http://www.zinsseruk.com/core/wp-content/uploads/2016/12/Story-of-shellac.pdf, Somerseth, NJ.

CAPÍTULO 8

Aarnes, H. (2016). *Biomimikry.* Recuperado em 2017 de https://snl.no/ Biomimikry

Alnaimat, S. (2011). A contribution to the study of biocontrol agents, apitherapy and other potential alternative to antibiotics. – *Ph.D. thesis*, University of Sheffield.

Amdam, G. V. & Omholt, S.W. (2002). The regulatory anatomy of honeybee lifespan. *Journal of Theoretical Biology* 216: 209-228.

Arup.com. Eastgate Development, Harare, Zimbabwe. Recuperado em 2017 em https://web.archive.org/web/20041114141220/http://www.arup.com/feature.cfm?pageid =292

Bai, L., Xie, Z., Wang, W. et al. (2014). Bio-Inspired Vapor-Responsive Colloidal Photonic Crystal Patterns by InkJet Printing. *ACS Nano* 8:11094-11100.

Baker, N., Wolschin, F., & Amdam, G. V. (2012). Age-related learning deficits can be reversible in honeybees Apis mellifera. *Experimental Gerontology* 47: 764-772.

BBC News. 2011. India bank termites eat piles of cash. Recuperado em (2017) de http://www.bbc.com/news/world-southasia-13194864

Bombelli, P., Howe, C. J. & Bertocchini, F. Polyethylene bio-degradation by caterpillars of the wax moth Galleria mellonella. *Current Biology* 27: R292-R293.

Carville, O. (2017). *The Great Tourism Squeeze*: Small town tourist destinations buckle under weight of New Zealand's tourism boom. Recuperado em 2017 de https://www.nzherald.co.nz/nz/news/article.cfm?c_id=1&objectid=11828398

Chechetka, S. A., Yu, Y., Tange, M. & Miyako, E. 2017. Materially Engineered Artificial Pollinators. *Chem* 2: 224-239.

Christmann, B. *Fly on the Wall.* Making fly science approachable for everyone. Recuperado em 2017 de http://blogs.brandeis.edu/flyonthewall/list-of-posts/

Cornette, R. & Kikawada, T. (2011). The induction of anhydrobiosis in the sleeping chironomid: Current status of our knowledge. *IUBMB Life* 63: 419-429.

Dirafzoon, A., Bozkurt, A., & Lobaton, E. (2017). A framework for mapping with biobotic insect networks: From local to global maps. Robotics and *Autonomous Systems* 88: 79-96.

Doan, A. (2012). *Biomimetic architecture*: Green Buildingin Zimbabwe Modeled After Termite Mounds. Recuperado em 2017 de https://inhabitat.com/building-modelle d-on-termites-eastgate-centre-in-zimbabwe/

Drew, J. & Joseph, J. (2012). *The Story of the Fly*: And How it Could Save the World. Cheviot Publishing, Country Green Point, South Africa.

Dumanli, A. G. & Savin, T. (2016). Recent advances in the biomimicry of structural colours. *Chemical Society Reviews* 45: 6698-6724.

Fernåndez-Marin, H., Zimmerman, J. K., Rehner, S. A. & Wcislo, W. T. (2006). Active use of the metapleural glands by ants in controlling fungal infection. *Proceedings of the Royal Society B: Biological Sciences* 273:1689-1695.

Google Patenter. Infrared sensor systems and devices. Recuperado em 2017 de https://www.google.com/patents/US7547886

Haeder, S., Wirth, R., Herz, H., & Spiteller, D. (2009). Candicidin-producing Streptomyces support leaf-cutting ants to protect their fungus garden against the pathogenic fungus Escovopsis. *Proceedings of the National Academy of Sciences* 106: 4742-4746.

Hamedi, A., Farjadian, S., & Karami, M. R. (2015). Immunomodulatory properties of Trehala manna decoction and its isolated carbohydrate macromolecules. *Journal of Ethnopharmacology* 162:121-126.

Horikawa, D. D. (2012). Survival of tardigrades in extreme environments: a model animal for astrobiology. S. 205-217. In Altenbach, A. V., Bernhard, J. M. & Seckbach, J. (red.). *Anoxia*: Evidence for eukaryote survival and paleontological strategies. Springer Netherlands, Dordrecht.

Holldobler, B., & Engel-Siegel, H. (1984). On the metapleural gland of ants. Psyche 91: 201-224. King, H., Ocko, S., & Mahadevan, L. (2015). Termite mounds harness diurnal temperature oscillations for ventilation *Proceedings of the National Academy of Sciences* 112: 11589-11593.

Ko, H. J., Youn, C. H., Kim, S. H. & Kim, S. Y. (2016). Effect of pet insects on the psychological health of community-dwelling elderly people: A single-blinded, randomized, controlled trial. *Gerontology* 62: 200-209.

Kuo, F. E. & Sullivan, W. C. (2001). Environment and crime in the inner city: Does vegetation reduce crime? Environment and behavior 33: 343-367.

Kuo, M. (2015). How might contact with nature promote human health? Promising mechanisms and a possible central pathway. *Frontiers in Psychology* 6.

Liu, E., Dong, B. Q., Liu, X.H. et al. (2009). Structural color change in longhorn beetles Tmesisternus isabellae. *Optics Express* 17:16183-16191.

McAlister, E. (2017). *The secret life of flies*. Natural History Museum, London.

North Carolina State University 2017. *Tracking the movement of cyborg cockroaches*. Recuperado em 2017 https://www.eurekalert.org/pubreleases/2017-02/ncsu-ttm022717.php

Novikova, N., Gusev, O., Polikarpov, N. et al. (2011). Survival of dormant organisms after long-term exposure to the space environment. *Acta Astronautica* 68:1574-1580.

Pinar. (2013). *Entire alphabet found on the wing patterns of butterflies*. Recuperado em 2017 de http://mymodernmet.com/kjell-bloch-sandved-butterfly-alphabet/

Ramadhar, T. R., Beemelmanns, C., Currie, C. R., & Clardy, J.
(2014). Bacterial symbionts in agricultural systems provide a strategic source for antibiotic discovery. *The Journal of Antibiotics* 67: 53-58.

Rance, C. (2016). *A breath of maggoty air.* Recuperado em 2017 de http://thequackdoctor.com/index.php/a-breath-of-maggoty-air/

Sleeping Chironomid Research Group. *About the Sleeping Chironomid.* Recuperado em 2017 de https://www.naro.affrc.go.jp/archive/nias/anhydrobiosis/Sleeping%20 Chironimid/e-about-yusurika.html

Sogame, Y., & Kikawada, T. (2017). Current findings on the molecular mechanisms underlying anhydrobiosis in Polypedilum vanderplanki. *Current Opinion in Insect Science* 19:16-21.

Sowards, L. A., Schmitz, H., Tomlin, D. W. et al. (2001). Characterization of beetle Melanophila acuminata (Coleoptera: Buprestidae) infrared pit organs by high-performance liquid chromatography/mass spectrometry, scanning electron microscope, and Fourier transform-infrared spectroscopy. *Annals of the Entomological Society of America.* 94: 686-694.

Van Arnam, E. B., Ruzzini, A.C., Sit, C.S. et al. (2016). Selvamicin, an atypical antifungal polyene from two alternative genomic contexts. *Proc Natl Acad Sci U* s. A113:12940-12945.

Wainwright, M., Laswd, A., & Alharbi, S. (2007). When maggot fumes cured tuberculosis. *Microbiologist* March 2007: 33-35.

Watanabe, M. (2006). Anhydrobiosis in invertebrates. *Applied Entomology and Zoology* 41:15-31.

Whitaker, I. S., Twine, C., Whitaker, M. J. et al. (2007). Larval therapy from antiquity to the present day: mechanisms of action, clinical applications and future potential. *Postgraduate Medical Journal* 83:409-413.

Wilson, E. O. 1984. *Biophilia.* Harvard University Press, Cambridge, Mass.

World Economic Forum, Ellen MacArthur Foundation and McKinsey & Company. (2016). The New Plastics Economy Rethinking the future of plastics. Recuperado em 2017 de https://www.ellenmacarthurfoundation.org/assets/downloads/EllenMacArthur Foundation_TheNewPlasticsEconomy_Pages.pdf

Yang, Y., Yang, J., Wu, W. M. et al. (2015). Biodegradation and mineralization of polystyrene by plastic-eating mealworms: part 1. Chemical and physical characterization and isotopic tests. *Environmental Science & Technology* 49:12080-12086.

Yates, D. (2009). The science suggests access to nature is essential to human health. Recuperado em 2017 de https://news.illinois.edu/blog/view/6367/206035

Zhang, C. -X., Tang, X.-D. & Cheng, J.-A. (2008). The utilization and industrialization of insect resources in China. *Entomological Research* 38: S38-S47.

CAPÍTULO 9

Brandt, A., Gorenflo, A., Siede, R. et al. (2016). The neonicotinoids thiacloprid, imidacloprid, and clothianidin affect the immunocompetence of honey bees (Apis mellifem L.). *Journal of Insect Physiology* 86: 40-47.

Byrne, K., & Nichols, R.A. (1999). Culexpipiens in London Underground tunnels: differentiation between surface and subterranean populations. *Heredity 82*: 7-15.

Dirzo, R., Young, H. S., Galetti, M. et al. (2014). Defaunation in the Anthropocene. *Science* 345:401-406.

Dumbacher, J. P., Wako, A., Derrickson, S. R. et al. (2004). Melyrid beetles (Choresine): A putative source for the batrachotoxin alkaloids found in poison-dart frogs and toxic passerine birds. *Proceedings of the National Academy of Sciences of the United States of America* 101:15857-15860.

Follestad, A. (2014). Effekter av kunstig nattbelysning på naturmangfoldet - en litteraturstudie. *NINA Rapport* 1081.89 s.

Forbes, A. A., Powell, T. H. Q., Stelinski, L. L. et al. (2009). Sequential sympatric speciation across trophic levels. *Science* 323: 776-779.

Garibaldi, L. A., Steffan-Dewenter, I., Winfree, R. et al. (2013). Wild pollinators enhance fruit set of crops regardless of honey bee abundance. *Science* 339:1608-1611.

Gough, L. A., Sverdrup-Thygeson, A., Milberg, P. et al. (2015). Specialists in ancient trees are more affected by climate than generalists. *Ecology and Evolution* 5:5632-5641.

Goulson, D. (2013). Review: An overview of the environmental risks posed by neonicotinoid insecticides. *Journal of Applied Ecology* 50: 977-987.

Hallmann, C. A., Sorg, M. Jongejans, E. et al. (2017). More than 75 percent decline over 27 years in total flying insect biomass in protected areas. *PLOS ONE* 12: e0185809.

IPBES. (2016). Summary for policymakers of the assessment report of the Intergovernmental Science-Policy Platform on Biodiversity and Ecosystem Services on pollinators, pollination and food production. Secretariat of the Intergovernmental Science-Policy Platform on Biodiversity and Ecosystem Services, Bonn, Germany.

McKinney, M. L. (1999). High Rates of Extinction and Threat in Poorly Studied Taxa. *Conservation Biology* 13:1273-1281.

Morales, C., Montalva, J., Arbetman, M. et al. (2016). Bombus dahlbomii The IUCN Red List of Threatened Species 2016: e.T21215142A100240441. Recuperado em 2017 de https://www.iucnredlist.org/species/21215142/100240441

Myers, C. W., Daly, J. W. & Malkin, B. (1978). A dangerously toxic new frog (Phyllobates) used by Embera Indians of western Colombia with discussion of blowgun fabrication and dart poisoning. *Bulletin of the American Museum of Natural History* 161: 307-366.

Pawson, S. M. & Bader, M. K. E. (2014). LED lighting increases the ecological impact of light pollution irrespective of color temperature. *Ecological Applications* 24:1561-1568.

Rader, R., Bartomeus, L, Garibaldi, L. A. et al. (2016). Non-bee insects are important contributors to global crop pollination. *Proceedings of the National Academy of Sciences* 113: 146-151.

Rasmont, P., Franzén, M., Lecocq, T. et al. (2015). Climatic risk and distribution atlas of european bumblebees. *BioRisk* 10.

Såterberg, T, Sellman, S., & Ebenman, B. 2013. High frequency of functional extinctions in ecological networks. *Nature* 499: 468-470.

Schwågerl, C. (2017). Vanishing Act. Whafs causingthe sharp decline in insects, and why it matters. Recuperado em 2017 de https://e360.yale.edu/features/insect_numbers_declining_why_it_matters

Thoresen, S. B. (2016). Gendrivere magisk medisin eller villfaren vitenskap? Recuperado em 2017 de https://www.aftenposten.no/viten/i/4m9o/Vi-kan-na-genmodifisere-mygg-sa-vi-kanskje-kvitter-oss-med-malaria-for-godt

Thoresen, S. B. & Rogne, S. 2015. Vi kan nå genmodifisere mygg så vi kanskje kvitter oss med malaria for godt. Recuperado em 2017 de https://www.aftenp0sten.n0/viten/i/4m9o/Vi-kan-nagenmodifisere-mygg-sa-vi-kanskje-kvitter-oss-med-malaria-for-godt

Tsvetkov, N., Samson-Robert, O., Sood, K. et al. (2017). Chronic exposure to neonicotinoids reduces honey bee health near corn crops. Science 356:1395.

Vindstad, O. P. L., Schultze, S., Jepsen, J. U. et al. (2014). Numerical responses of saproxylic beetles to rapid increases in dead wood availability following geometrid moth outbreaks in sub-arctic mountain birch forest. *PLOS ONE* 9.

Vogel, G. (2017). Where have all the insects gone? Recuperado em 2017 de http://www.sciencemag.org/news/2017/05/where-have-all-insects-gone

Wilson, E. O. The Little Things That Run the world (The Importance and Conservation of Invertebrates). *Conservation Biology* 1: 344-346.

Woodcock, B. A., Bullock, J.M., Shore, R.F. et al. 2017. Country-specific effects of neonicotinoid pesticides on honey bees and wildbees. Science 356:1393.

Zeuss, D., Brandl, R., Bråndle, M. et al. 2014. Global warming favours light-coloured insects in Europe 5:3874.